«Un voyage à _____
perdu parce qu'on ne peut rien voir ;
je suis ici par la grâce de Dieu ;
il faut que j'en profite pour étudier
la nature, car je ne retournerai plus
jamais dans ces parages. L'instinct me dit
de me laisser aller au rapide courant
des eaux. La raison m'arrête : descendre
en toute hâte dans un pays inconnu
est pour un explorateur une fuite devant
l'ennemi.»

JE M'INSTALLE SUR MON PETIT BANC,
MA BOUSSOLE D'EMBARCATION
EN FACE DE MOI,
MON CAHIER DE NOTES SUR LES GENOUX.
J'INSCRIS LE TRACÉ DE LA ROUTE
AU FUR ET À MESURE QUE NOUS AVANÇONS.

La forêt vierge, le grand bois,
comme on l'appelle en Guyane,
se présente sous un aspect froid
et sévère. Mille colonnades
ayant trente-cinq
ou quarante mètres de haut.
C'est de là que partent
les chants de milliers d'oiseaux
aux plumages les plus riches
et les plus variés.

CETTE BANDE D'INDIENS,
QUE L'ON POURRAIT PRENDRE
POUR UNE FORÊT EN MARCHE,
PASSE À CÔTÉ DE NOUS
EN DÉFILANT À PETIT TROT.

OUANICA MONTE SUR UN
ARBRE VOISIN. IL TIENT À LA
MAIN UNE GAULE À LAQUELLE
IL A FIXÉ UNE CORDE FORMANT
UN NŒUD COULANT.
LA PASSANT AU COU DE
L'ANIMAL, IL LA TIRE ENSUITE
AVEC FORCE.

SOMMAIRE

Ouverture
Dans la forêt amazonienne.

12
Chapitre 1
SUR UN AIR DE CANNELLE
En 1541, les Espagnols Gonzalo Pizarro et Francisco de Orellana tentent en vain
de trouver une nouvelle route vers les Indes et ses épices, au-delà de la barrière
des Andes. Ils découvrent le plus grand fleuve du monde, l'Amazone.

38
Chapitre 2
NAISSANCE DES MYTHES
Aux XVIᵉ et XVIIᵉ siècles, de nombreux aventuriers, envoûtés par le mythe de
l'El Dorado, partent en quête de cette contrée imaginaire et de sa capitale Manoa,
fabuleuse cité de pierre regorgeant d'or, s'élevant sur les bords du légendaire
lac Parimé, en Guyane, près du pays des guerrières Amazones.

58
Chapitre 3
LE SIÈCLE DES LUMIÈRES ÉCLAIRE LA FORÊT
Après le rattachement de l'Amazonie à l'empire du Brésil à la fin du XVIIᵉ siècle,
commence son exploration scientifique avec La Condamine, Humboldt,
d'Orbigny et tant d'autres naturalistes, botanistes et zoologistes, géomètres...

76
Chapitre 4
LA GRANDE AVENTURE DU CAOUTCHOUC
La modeste bourgade de garnison de Barra devient, dans la deuxième moitié
du XIXᵉ siècle, Manáos, capitale mondiale du caoutchouc. Les Indiens,
main-d'œuvre surexploitée, meurent en masse.

96
Chapitre 5
L'INDIEN ET LA FORÊT
La vie traditionnelle des Indiens d'Amazonie, en symbiose avec la forêt,
est en danger aujourd'hui. Les peuples premiers, tels les Yanomami du Brésil,
interpellent désormais leurs gouvernements pour défendre leurs droits.

129
Témoignages et documents

L'AMAZONE,
UN GÉANT BLESSÉ

Alain Gheerbrant

DÉCOUVERTES GALLIMARD
HISTOIRE

12

« **P**ourquoi les Indiens se défendent de la sorte ? Il faut savoir qu'ils sont sujets et tributaires des Amazones, et, sachant notre venue, ils leur avaient demandé secours, et elles étaient venues, au nombre de dix à douze, que nous vîmes, combattant à la tête des Indiens comme des capitaines, avec un tel courage que les Indiens n'osaient faire volte-face, et si quelqu'un le tentait, elles le tuaient sous nos yeux à coups de bâton. »

Gaspar de Carvajal

CHAPITRE 1

SUR UN AIR DE CANNELLE

❝ Les Conquistadors vivaient, les yeux ouverts, un délire lucide qui n'en finissait pas. ❞
Jean Descola

Bien que Vicente Pinzón, pilote de Christophe Colomb, ait reconnu les bouches de l'Amazone dès l'an 1500, la découverte de ce que l'on appellera l'Enfer vert ne commence que quarante ans plus tard, non pas sur l'Atlantique, mais dans les solitudes éblouissantes des hauts plateaux andins, pays austère, propre aux longues transhumances, aux mirages et aux rêves.

Après trois mille kilomètres de route hasardeuse, Pizarro parvient à Quito le 1er décembre 1540

Gonzalo Pizarro est parti de Cuzco, capitale du Pérou, sur ordre de son frère aîné Francisco, le «marquis», pour prendre en main cette province du Nord qu'on appelle la *gobernación* de Quito, à la tête de deux cents gentilshommes, dont cent cavaliers. Mais la troupe, inévitablement, a fondu en route; aussi n'est-il pas mécontent de voir son cousin, le brillant lieutenant général Francisco de Orellana, fondateur de Guayaquil, venu le saluer à l'entrée de la ville et lui offrir ses services, qu'il s'empresse d'accepter.

Car Orellana n'ignore pas que ce prétendu changement administratif – la nomination d'un nouveau gouverneur – cache en fait un tout autre dessein, si ambitieux et excitant qu'il tient à en être. L'accord conclu, les deux hommes se séparent: Orellana pour redescendre à Guayaquil réunir ce qu'il pourra d'hommes et de matériel, Gonzalo Pizarro pour prendre son poste officiel à Quito et préparer la campagne projetée en attendant le retour de son cousin.

Comme tous les Pizarro, mais aussi Bilbao, Cortés et bien d'autres héros de la *Conquista*, ces deux vétérans sont natifs de Trujillo d'Estrémadure. Ils ont tout juste trente ans. Mais, depuis sept ans

A u-dessus de l'*altiplano* («haut plateau») de Quito, cinquante-trois des plus hauts volcans andins se pressent au coude à coude, surplombant les pentes amazoniennes.

qu'a commencé la conquête du Pérou, ils ont été de
tous les coups durs. Aucun des deux, pourtant, ne
soupçonne l'étrange tournant que va prendre leur
nouvelle aventure.

Une imposante barrière de neiges éternelles ferme l'horizon à l'est de Quito. Que cache-t-elle ?

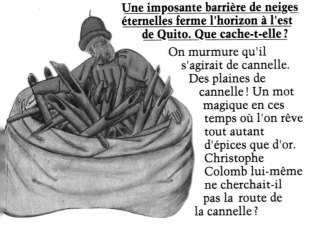

On murmure qu'il
s'agirait de cannelle.
Des plaines de
cannelle ! Un mot
magique en ces
temps où l'on rêve
tout autant
d'épices que d'or.
Christophe
Colomb lui-même
ne cherchait-il
pas la route de
la cannelle ?

L'extraordinaire
vogue des épices
sous la Renaissance et
le rôle apparemment
inattendu qu'elles
jouèrent dans la
découverte du globe
s'expliquent par leurs
vertus, non seulement
culinaires mais aussi
médicinales, que l'on
redécouvre aujourd'hui :
la cannelle est à la fois
un antiseptique et un
puissant stimulant
digestif et respiratoire.

Et, qui sait ? peut-être ces senteurs conduisent-elles à l'Eldorado.

Pizarro expédie ses préparatifs en moins de trois mois. Le 18 février 1541, il installe un administrateur à la *gobernación* de Quito et, le 21, Orellana n'étant toujours pas revenu, il décide de partir en avant.

C'est un cortège comme on n'en a jamais vu qui s'ébranle ce jour-là sur le haut plateau andin, vers les crêtes de la cordillère. En tête marchent trois cent quarante hidalgos en armure, dont deux cents cavaliers, puis deux mille chiens féroces dressés à égorger l'Indien, quatre mille porteurs «volontaires» chargés d'armes, de provisions «et d'autres choses qu'il leur fallait avoir, comme de cognées, hachettes ou couperets, câbles ou cordages et ferrements divers», écrit Garcilaso de la Vega, historien de l'époque. Suivent deux mille lamas tout aussi chargés et un troupeau de deux mille porcs. Les Espagnols ne portent rien hormis leur épée, la rondache au bras gauche et, au troussequin, un petit encas. C'est en cet équipage qu'il° abordent la cordillère. Le temps se gâte. Sous la bourrasque et la pluie, torrentielle, les chevaux patinent sur la roche enneigée, le convoi ralentit, et les Indiens tombent.

Le fleuve d'or issu du Pérou, qui devait en moins de vingt ans inonder l'Europe au point de bouleverser son équilibre géopolitique, passait par trois relais : à la source, les petits fourneaux construits par les Espagnols dans les Andes pour fondre en lingots bijoux, vases sacrés et sculptures arrachés aux temples et palais incaïques ; vers la côte, les petits troupeaux de lamas réquisitionnés qui descendaient ces trésors devenus marchandises ; sur l'océan, enfin, les galions dont le va-et-vient préfigurait, du Nouveau Monde vers l'Ancien, le temps des *Liberty-Ships*.

Une centaine mourront de cette première épreuve,
où, de surcroît, la terre s'est mise à trembler sous
leurs pas. Puis, c'est la forêt, si dense qu'il faut,
mètre par mètre, ouvrir le chemin aux bêtes et aux
gens à coups de *machete* et de hache.

Orellana, entre-temps, s'est mis en route et
avance à marche forcée. Plus léger, il est plus
mobile, mais des partis d'Indiens le harcèlent.

Quand il rejoint enfin Pizarro, au bout
d'un mois, il a perdu tous ses
chevaux et ses équipements. Il ne
lui reste que vingt et un hommes,
sans autre bagage que leur épée. Le
trajet fut si pénible pour tous que
Pizarro se croit à soixante lieues
de Quito, alors qu'il n'en a pas
fait trente, soit moins de deux
cents kilomètres. Il décide alors de
partir en éclaireur, laissant à
Orellana le gros de la troupe.
Soixante-dix jours plus tard, il
parvient enfin à ce qu'il pense
être la Terre promise. Hélas ! Il
n'y a là que de faux canneliers, si
rares et dispersés qu'ils sont
inexploitables.

E xaltant jusqu'à la
transe leur cupidité,
la fièvre d'or faisait des
soldats espagnols,
rudes fils d'une terre
ingrate, d'impitoyables
conquérants.

Dans la terreur métaphysique que les Espagnols inspirèrent aux Indiens, le cheval eut une bonne part ; les chiens féroces dressés au combat firent le reste : cette association de l'homme et de la bête au service du meurtre ne pouvait représenter pour eux que le mal absolu.

Amère vérité : l'Amérique n'est pas l'Inde et ne contient pas de cannelle

La désillusion est si violente que Pizarro livre aux chiens la moitié de ses guides et fait brûler vifs les autres. Il repart ensuite pour une nouvelle reconnaissance, vers le nord. Il découvre une belle rivière et des Indiens pacifiques, auxquels il dérobe seize pirogues.

Orellana le rejoint avec ses hommes et ils longent la rivière, pendant vingt lieues, jusqu'à sa confluence avec un véritable fleuve, large d'une demi-lieue, précise le père Carvajal, historiographe de l'expédition. C'est là que Pizarro prend la décision de faire une halte le temps qu'il faudra pour construire un brigantin.

Le bateau est tout juste assez grand pour contenir une vingtaine de passagers. On y entasse malades et matériel. C'est tout ce qui reste en effet des quatre mille volontaires recrutés à Quito. Le nom du brigantin restera en souvenir sur les cartes, où on peut le lire encore aujourd'hui :

El Barco, village situé sur le rio Coca, non loin de sa confluence avec le Napo.

Quand les expéditionnaires repartent – longeant la rive pour la plupart, car le petit bateau et les seize pirogues sont loin de pouvoir tous les transporter –, les difficultés reprennent : il faut contourner des marais, fabriquer des ponts de fortune, et les provisions s'épuisent. On tue bientôt le dernier cochon. Au bout de trois cents kilomètres, le moral chancelle. Mais il y a, paraît-il, de riches villages, à quelques jours de là.

C'est alors qu'Orellana propose à Pizarro d'aller en reconnaissance avec une soixantaine d'hommes, sur le brigantin et les pirogues, afin de trouver des vivres. Pizarro acquiesce. Orellana le quitte. C'est le 26 décembre 1541 : une date que Pizarro peut marquer d'une pierre noire, car il ne reverra jamais Orellana ni ses compagnons.

Lorsqu'ils auront mangé les derniers chiens et les cent chevaux qui leur restent, Pizarro et ses hommes devront s'en retourner, le cœur plein d'amertume et de rage contre ceux qui viennent, du moins le pensent-ils, de les trahir. Ils se dirigent alors vers Quito, qu'ils mettront six mois à atteindre ; tandis que, de son côté, Orellana, en guère plus de temps, va découvrir le plus grand fleuve du monde.

L'Indien d'Amazonie tel que le voient les voyageurs du XVIᵉ siècle n'est encore ni le «bon sauvage» ni le féroce chasseur de têtes. On admet son humanité tout en dénonçant sa différence que fonde, si elle ne l'excuse pas, son ignorance de la vraie foi. Grâce à quoi, un Thevet ou un de Léry, ethnologues avant la lettre, nous laisseront de minutieuses descriptions de coutumes aussi choquantes que l'anthropophagie rituelle des Tupinamba. La philosophie imprégnée de l'antique, qui préside à leurs observations, se retrouve dans les dessins de l'époque.

«Je dis une messe, comme on le fait en mer, pour recommander à Dieu nos âmes et nos vies»

Gaspar de Carvajal, le dominicain qui a embarqué avec Orellana, tiendra un journal minutieux de l'expédition. «Le courant est si violent, écrit-il, que nous faisons dès le départ vingt-cinq lieues par jour, que nous serions bien en mal de remonter.» De plus, les fastueux villages promis manquent au rendez-vous. Il n'y a donc d'autre solution que de continuer : «Nous n'avions plus rien à manger si ce n'était les cuirs, ceintures et semelles cuites avec quelques herbes.»

Au bout d'une longue semaine, les Espagnols entendent enfin battre tambour dans la forêt, et un village apparaît. Orellana offre au chef un costume de pourpre tout en lui annonçant qu'il est désormais vassal de l'empereur Charles Quint, au nom duquel est solennellement pris possession de ses terres. Après quoi l'on fait bombance. Orellana baptise ce lieu «terres d'Aparia le Petit», car il vient d'apprendre que plus loin, sur le fleuve, vit un autre Aparia, seigneur beaucoup plus important, qu'il nommera Aparia le Grand.

Orellana est proclamé capitaine général de l'expédition

La troupe délibère sur la promesse faite à Pizarro. Tous s'accordent à reconnaître qu'il serait pratiquement impossible de remonter les douze cents kilomètres du fleuve impétueux qu'ils viennent de descendre. Mieux vaut continuer et retourner au Pérou par la mer, qui ne peut être loin, disent-ils, tant on voit le fleuve s'élargir un peu plus de jour en jour.

Orellana en conclut qu'il faut construire un second brigantin, car ce n'est pas en pirogue qu'on aborde l'océan. Et l'on se met au travail. Ces rudes soldats s'improvisent bûcherons et charbonniers, le plus dur consistant à forger les quelque deux mille clous nécessaires. Cela va prendre un mois, au bout duquel Orellana décide de rembarquer, car les relations avec les Indiens commencent à s'altérer, et l'on aura tout le temps de monter le bateau plus loin.

Les Indiens que ce dessinateur anonyme nomme Napo, du nom du fleuve dont ils sont riverains, appartiennent à la nation Shuar, de l'Amazonie équatorienne, plus connue sous le sobriquet de Jivaro.

C'est avant ce nouveau départ que Francisco de Orellana, en fin politique, se fait élire capitaine général et représentant de la couronne d'Espagne, en lieu et place de Gonzalo Pizarro, par l'unanimité de ses compagnons ; tous contresignent le rapport écrit qui en fera foi par-devant les notaires du roi. Orellana cherche alors parmi ses compagnons six volontaires auxquels il offre mille castallanos, soit quatre kilos d'or, pour retourner porter des nouvelles à Pizarro. Seuls trois d'entre eux se proposent, ce qui est insuffisant. Devant l'ampleur des difficultés, le projet est abandonné. Et l'expédition reprend.

Tous les groupes indiens auxquels se heurtèrent Gonzalo Pizarro, Orellana et leurs compagnons, du rio Coca jusqu'aux bouches du Napo, étaient vraisemblablement des Shuar. Leur réputation était fondée sur la coutume qu'ils avaient de réduire les têtes-trophées.

Le 11 février 1542, ils passent sans le savoir la confluence du Napo et naviguent désormais sur l'Amazone proprement dit

Quinze jours plus tard, voici Aparia le Grand, où Orellana et ses compagnons sont d'autant plus courtoisement accueillis qu'ils s'y présentent comme les Fils du Soleil, ce qui impressionne vivement leurs hôtes. La nourriture est, de surcroît, abondante et savoureuse. Bref, c'est un endroit idéal pour monter le second brigantin, qui sera mis à l'eau, calfaté de coton sylvestre et d'huile de poisson, le 24 avril.

    Le 12 mai, en vue d'un grand village très animé, une importante flotte de pirogues armées, dont les occupants se cachent derrière de hauts boucliers, attaque les navires espagnols en criant «On va tous vous manger!». Il y aura deux jours d'âpres combats qui coûteront un mort et quinze blessés aux Espagnols, mais qui permettront de faire main basse sur des stocks de nourriture, dont plusieurs milliers d'œufs de tortue. Il y avait là, précise Carvajal, de quoi nourrir une armée royale pendant un an. La région qu'ils ont atteinte est sans conteste la plus peuplée qu'ils aient rencontrée. C'est le pays des Machipora. Ils gagneront ensuite celui des Omagua, dont les villages se suivent à portée de flèches sur plus de cent lieues.

    Ils viennent de passer les bouches du Caquetá, et atteignent maintenant celles d'un fleuve couleur d'encre qu'ils nomment pour cette raison rio Negro. C'est là que sera plus tard construit Manáos, la légendaire capitale du caoutchouc.

Pizarro explique dans sa lettre au roi les raisons de la construction du premier brigantin: «Ce fut à cause de la nourriture et du problème du transport des armes et des munitions pour les arquebuses et les arbalètes et des malades et des barres de fer, pelles et pioches, et des herminettes, parce que la plupart de nos porteurs étaient morts.»

Orellana a mis un an pour atteindre l'Amazone proprement dit. Il ne lui faudra que six mois pour le descendre jusqu'à ses bouches.

CAP IBANA

CIRCVLVS AEQ

TISM

PER

pagu
ana

PICORA

Rio maragnon

CVS

TROP   ICV S   CAPRI

CHARCAS

PATAGONVM

CHI CA

CHI LE

estestrecho fuedes
cubierto porfern
ando magalanes
dia delas on.e mil
uirgines el año
1520

FRETVM MAGELLANICVM

TERRA DEL

En 1587, quarante-cinq ans après le retour d'Orellana, le cartographe Martinez remonte la Patagonie au-dessus du rio de la Plata, soude les Guyanes aux Andes et ne fait de l'Orénoque et de l'Amazone qu'une hydre colossale, allant à la mer en au moins deux endroits. Le bras supérieur, qu'on identifierait comme le cours inférieur de l'Orénoque, est nommé «fleuve d'Orellana», tandis que le bras inférieur prolongeant le Marañón n'a pas de nom. Entre les deux, comme une île géante, le pays des Amazones. Carvajal précise bien, pourtant, que les guerrières qui les attaquèrent venaient du nord. Comment, devant ce tableau, ne pas songer à la poétique sagesse des Incas qui appelaient ce grouillement d'eaux géantes qu'avalait la forêt au pied de leur empire *Amaru-Mayu*, le Grand Serpent-Mère des Hommes.

Et la légende des Amazones devient réalité

Les villages, souvent fortifiés, se succèdent, où les Espagnols abordent pour se ravitailler, bien souvent à la pointe de l'épée. Le 5 juin 1542, ils arrivent dans un village indien assez important. Et bientôt, le réalisme commence à céder place au fantastique sous la plume du père Carvajal qui pense avoir atteint le pays des Amazones : «Sur la place de ce village, il y avait une grande figure de bois, d'environ trois mètres au carré ; elle représentait une ville, ceinte de murailles où ouvrait une porte, entre deux tours en vis-à-vis ; chacune de ces tours avait une fenêtre et une porte, face à face, flanquée de deux colonnes ; deux lions très féroces, qui regardaient en arrière, soutenaient entre leurs griffes cette œuvre au milieu de laquelle il y avait une place ronde et, au centre de la place, un trou dans lequel ils versaient de la chicha, qui est leur vin, en offrande au soleil. L'Indien à qui le

capitaine demanda ce que cela signifiait répondit qu'ils étaient sujets et tributaires des Amazones, auxquelles ils n'offraient autre chose que des plumes dont elles fourraient les toits de leurs temples, et que leurs villes étaient faites comme celle qui était ici représentée.»

Le 24 juin a lieu la rencontre mémorable avec les Amazones au cours d'un combat «si pugnace que nous fûmes sur le point de nous perdre tous. (...) Les Amazones allaient nues, leurs parties honteuses couvertes, arc et flèches en main, et se battaient chacune comme dix hommes», écrit Carvajal. Nouvelle embuscade le lendemain comme ils serrent la rive. Le seul blessé est le père Carvajal. «Notre-Seigneur permit qu'ils m'envoyassent une flèche dans l'œil, qui sortit à la nuque; je perdis l'œil de cette blessure dont je ne restai pas sans fatigue ni douleur.»

Les Espagnols traversent un pays de rêve peuplé d'Indiens hostiles

L'expédition passe les bouches du Xingu. La savane remplace peu à peu la forêt, et les soldats, tout réjouis, voguent entre de grasses prairies où ne manque que semer le blé, planter la vigne et mener paître des troupeaux. Mais de grands diables barbouillés de noir viennent troubler ce rêve à coups de flèches. Un homme meurt en quelques heures d'une éraflure : les Espagnols découvrent le curare.

Ce sont maintenant des flottes de plusieurs centaines de pirogues, fortes chacune de vingt à quarante guerriers, qui tentent de leur barrer la route, encouragées par des masses humaines depuis la rive. On peut imaginer le spectacle où les détonations des arquebuses ponctuent les roulements de tambour, les meuglements des trompes et le chant des orgues de bouche indiens. «Le vacarme est effrayant,

Les trompes d'écorce et de terre, instruments sacrés que dessinait d'après nature le père Gumilla au XVIIIe siècle, font toujours tourner à l'orée des villages le souffle des ancêtres rôdant dans la nuit amazonienne.

note Carvajal, mais c'est merveille de voir leurs escadrons danser en agitant des palmes au bord de l'eau.»

L'Amazone est conquis, mais comment en sortir ?

L'estuaire de l'Amazone est proche, la marée monte furieusement. A la mi-juillet, l'expédition arrive devant l'île de Marajó. Carvajal estime qu'ils ont descendu mille cinq cent trois lieues depuis leur départ, ce qui semble un peu exagéré. Mais qu'importent les chiffres. Nul avant eux n'avait effectué un tel voyage, sur un fleuve dont on ne connaissait même pas l'existence.

Les établissements portugais de Pará sont tout près, à leur droite. Mais ils l'ignorent et prennent à gauche, dans le dédale d'îlots des redoutables

Tambour d'appel à deux sons des Arawak de la région Orénoque – rio Negro.

❝ Secondement, ils ont leurs arcs, faits des susdits bois. J'ai dit comment ils manient leurs épées dextrement. Mais quant à l'arc, ceux qui les ont vus en besogne diront avec moi qu'ainsi, tout nus qu'ils sont, ils les enfoncent et tirent si droit et si soudain que, n'en déplaise aux Anglais (estimés néanmoins si bons archers), nos sauvages, tenant leur trousseau de flèches en la main de quoi ils tiennent l'arc, en auront plutôt envoyé une douzaine qu'eux n'en auront décoché six. ❞
Jean de Léry

Caraïbes qui ne leur laissent aucun répit. C'est alors que le petit brigantin heurte une souche. La quille éclate. Ils vont couler. Il faut de nouveau se faire charbonniers et forgerons, réparer et combattre à la fois, sans répit, le ventre vide et, de surcroît, radouber et gréer les deux bâtiments, auxquels on improvisera des voiles de fortune avec ce qui reste de capes et de couchage, avant d'affronter l'océan.

Enfin, le 26 août 1542, jour de la Saint-Louis, les rives s'écartent et la mer apparaît. Point de cartes, ni boussole, ni sextant. Peu importe, cap au nord et l'on verra bien. Les deux bateaux ne tardent pas à se perdre, chacun croyant l'autre coulé corps et biens. Et puis, quelques jours plus tard, à leur grande surprise, ils jettent l'ancre l'un et l'autre devant la petite île de Cubagua, sur la côte vénézuélienne.

❝ Je n'eus jamais tant de contentement en mon esprit de voir les gens de pied avec leurs morions dorés et armes luisantes, que j'eus alors de plaisir à voir combattre ces sauvages. ❞
    Gaspar de Carvajal

Verra-t-on une Nouvelle-Andalousie au milieu du Brésil ?

La première descente de l'Amazone est accomplie. Elle a pris huit mois, des Andes à l'Atlantique, alors qu'il en avait fallu dix pour franchir la cordillère, de Quito au rio Coca. Onze hommes sont morts en chemin, dont trois seulement au cours des combats.

De son côté, Gonzalo Pizarro, parti de Quito avec trois cent cinquante conquistadors, deux cent chevaux, quatre mille Indiens, y revient à pied, avec quatre-vingts compagnons, sans un Indien, ni un cheval, ni un chien. Là, il apprend que son frère Francisco a été assassiné en son palais et que lui-même vient d'être destitué par l'empereur Charles Quint. La chance a tourné pour les Pizarro. Gonzalo va franchir alors, par désespoir sans doute, le pas qu'aucun n'avait tenté avant lui : il lève une armée et se rebelle ouvertement contre le vice-roi. C'est le temps des conquistadors qui s'achèvera à Cuzco le 11 avril 1548, lorsque la tête de Pizarro roule au pied du bourreau.

Le père Gaspar de Carvajal est, lui, retourné à Lima, où il sera nommé archevêque. Il mourra en paix quarante-deux ans plus tard, en 1584, à l'âge de quatre-vingt-deux ans.

Quant à Francisco de Orellana, qui rêve de retourner, tel un Cortés ou un Pizarro, coloniser les terres qu'il vient de découvrir, il va, ainsi qu'il se doit, partir sans plus attendre demander à l'administration castillane les lettres patentes nécessaires. On veut bien à Séville ne pas tenir compte de sa «trahison» à l'égard de son cousin Gonzalo Pizarro.

En 1544, il est nommé gouverneur des territoires d'Amazonie, devenus «province de Nouvelle-Andalousie» pour les circonstances. Mais, hélas pour lui, ils ne porteront ce titre que sur le papier. Parti d'Espagne avec quatre navires et quatre cents hommes, Orellana verra très vite ses forces fondre avec ses rêves. Deux fois, il voudra construire un brigantin, comme jadis, aux bouches de l'Amazone. Deux fois, il échouera comme si l'Histoire refusait de se répéter.

Bien que le hasard ait fait naître Charles Quint l'année même de la découverte du Brésil, il ne semble guère avoir reconduit en son règne le souci de ses prédécesseurs, Ferdinand et Isabelle, pour les Indiens d'Amérique. Sans doute, la nouvelle stratégie continentale que lui permet l'afflux de l'or du Nouveau Monde ne lui en laisse pas le loisir. Son règne demeurera cependant lié à l'histoire du Nouveau Monde par la promulgation des fameuses Nouvelles Lois, qui interdisent la réduction des Indiens en esclavage (1548), reconnaissant qu'ils étaient de véritables êtres humains. Il faudra pourtant des siècles pour que de semblables déclarations cessent d'être lettre morte en Amazonie.

Les fièvres viendront finalement à bout de sa résistance et il disparaîtra avant d'avoir réussi à retrouver le cours principal du fleuve qui porta momentanément son nom.

Car, dernière ironie du sort, si Francisco de Orellana voulait tant que le fleuve qu'il avait découvert se nommât fleuve des Amazones, on l'appela cependant pour un temps, et à son corps défendant, le fleuve d'Orellana.

L a roue de la fortune semble avoir inspiré l'auteur de cette gravure, qui met en scène le supplice du dernier des Pizarro, plus à la façon du théâtre italien qu'à celle de Bossuet.

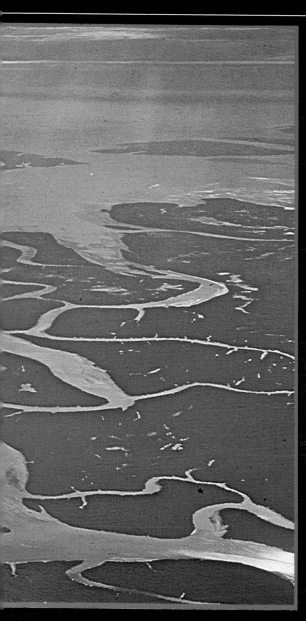

Le Grand Serpent-
Mère des Hommes

L'Amazone, en son cours inférieur, prend les proportions d'un bras de mer sinuant indolemment à travers une immense plaine : sur 3 500 kilomètres d'est en ouest, plus de 1 000 du sud au nord, aucun obstacle n'interrompt la monotonie de son bassin, couvert d'une toison de forêt qui, vue d'avion, paraît impénétrée comme aux premiers âges du monde. L'écartement de ses rives, qui dépasse 10 kilomètres en aval de Manáos, à 1 000 milles de la côte, atteint bientôt 30 puis 100 kilomètres ; d'une extrémité à l'autre de son delta, embrassant la grande île de Marajó et le fourmillement des îlots Caraïbes où lutta si durement Orellana, il y a plus de 350 kilomètres. Loin dans la mer, à 100 milles des côtes, le navire venant de l'est qui n'a pas encore aperçu l'Amérique se heurte à un énorme flux d'eaux boueuses et douces, sur lequel flottent les déchets de la forêt : c'est l'Amazone, si puissant qu'il lui faut tout ce chemin pour commencer seulement à se défaire dans les eaux océanes.

Difficile de faire la part du rêve, dans un univers qui se complaît à la confusion des genres, mélangeant minéral, végétal et animal comme il mélange l'air et l'eau, l'ombre et la lumière : une feuille devient papillon, une liane se fait serpent, un serpent est une liane... Au XVIe et au XVIIe siècle, l'Amazonie développe, dans la pénombre de ses forêts, une geste d'aventures échevelées à la poursuite de chimères.

CHAPITRE 2

NAISSANCE DES MYTHES

Mythes et symboles ont toujours deux faces, qui apparaissent l'une après l'autre : rose d'abord, noire ensuite. L'Amazonie n'échappe pas à la règle, elle est immédiatement fabuleuse.

L'histoire des Amazones ne commence pas avec la découverte des Amériques

Dans l'Antiquité grecque, les Amazones sont filles d'Arès et de la nymphe Harmonie. Homère en parle au IXe siècle avant J.-C. Et leur royaume, placé d'abord dans le Caucase puis dans les fins fonds de la Scythie, dérive, avec les siècles, en Cappadoce, en Chaldée, en Afrique, et enfin en l'une de ces mystérieuses îles océanes dont Marco Polo a ouï dire... Il n'est donc pas surprenant que Christophe Colomb s'attende à découvrir cette île dans les parages du Nouveau Monde et, après lui, Amerigo Vespucci et d'autres grands voyageurs épris de culture classique.

Ainsi, reculant de place en place, l'île des Amazones en vient un jour à quitter l'océan pour gagner le plus profond de la forêt tropicale que l'on appelle aujourd'hui Amazonie.

Mais la relation du père Carvajal donnera au mythe un regain de vigueur et une apparence de véracité qu'il n'avait jamais eus. Car, pour la première fois depuis que le monde est monde, on a vu l'an 1542 ces farouches guerrières ; on

66 Vaincues et capturées par les Grecs, conte Hérodote, les Amazones s'enfuirent chez les Scythes nomades, qu'elles séduisirent. Ils leur proposèrent de les prendre pour épouses. «Impossible, répondirent-elles. Vos femmes passent leur vie enfermées dans leurs chariots au lieu d'aller à la chasse.

les a même affrontées en combat. Ce sont les
acteurs de l'aventure eux-mêmes qui l'affirment.

Certes, on rit des affirmations d'Orellana à la
cour d'Espagne, lorsqu'il vient présenter son
rapport. Mais un enchaînement symbolique qui
puise au plus profond de notre inconscient collectif
s'est mis en marche dans l'imagination de tous ceux
qu'attire le mystère de l'Amérique équinoxiale ;
c'est lui qui va, un temps, entraîner l'Histoire, et
il faudra plusieurs siècles pour qu'il s'apaise.

*Nous, nous tirons à
l'arc, nous lançons le
javelot, nous montons
à cheval, nous ne
sommes pas des
ménagères ! »*
Jacques Lacarrière

Une merveille en attirant une autre, le mythe des Amazones se soude très vite à celui de l'El Dorado

On sait pourtant à l'époque que l'El Dorado
était un roitelet, couvert de poudre d'or, de
la cordillère des Andes, en Colombie. On a
localisé le lac de montagne où il se jetait
rituellement à l'eau, entouré d'offrandes
de vases et de bijoux en hommage au
Soleil : c'est le lac Guatavita, non loin
de Bogotá.

Avant même que ne soient survenus les
Espagnols, ses puissants voisins des hauts
plateaux, les Chibcha, l'avaient détrôné. Mais
qu'importe la vérité historique. Tournant le dos à
la cordillère andine, c'est bien loin de là, au nord-est
du rio Negro, qu'on va le chercher, avec les
Amazones, sur l'extrémité occidentale du bouclier
guyanais, où les cartographes dessinent alors un lac
fabuleux, plus grand que la mer Caspienne.

Ce lac Parimé deviendra, lorsque la réalité géographique aura pris le pas sur le rêve, une montagne, la Sierra Parima, d'où naît l'Orénoque.

Sur les bords de ce lac mythique est supposé s'élever une ville de pierre sans égale au monde «ou pour le moins plus belle que toutes celles qu'a conquises l'Espagne jusqu'à aujourd'hui». C'est Manoa, la capitale où réside l'El Dorado, devenu «grand empereur». Un certain Martinez y aurait vécu sept mois.

«Il ne lui était pas permis de sortir de la ville ni d'aller nulle part sans garde et sans avoir les yeux couverts. Au bout de sept mois, Martinez commençant d'entendre la langue du pays, le roi lui donna le choix de s'en retourner dans sa patrie ou d'achever sa vie à Manoa auprès de lui. Martinez préféra s'en retourner, et le roi le fit escorter par ses gens jusqu'au fleuve de l'Orénoque vers la côte de la Guyane et lui donna quantité d'or. Lorsqu'il fut arrivé à l'embouchure du fleuve,

Manoa est à la mesure du mythe : Martinez, selon Raleigh, aurait dû marcher par ses rues tout le jour et toute la journée du lendemain avant de parvenir à l'entrée du palais de l'empereur.

les Indiens de la frontière et les Orenocoponi lui enlevèrent toutes ses richesses, sans lui en laisser autre chose que deux bouteilles remplies d'or parce qu'ils crurent que c'était la boisson de Martinez. Il fila dans un canot, tout le long de l'Orénoque vers son embouchure et de là jusqu'à la Trinité, d'où il alla ensuite à San Juan de Puerto Rico... Martinez nomma la ville El Dorado à cause de la grande quantité d'or qu'il y vit. Leurs idoles étaient d'or

Le lac Parimé – si étendu qu'on se demande comment nul ne l'aurait vu – est bien la plus énorme et tenace invention des géographes de tous les temps : il fallut deux siècles pour qu'il disparaisse des cartes.

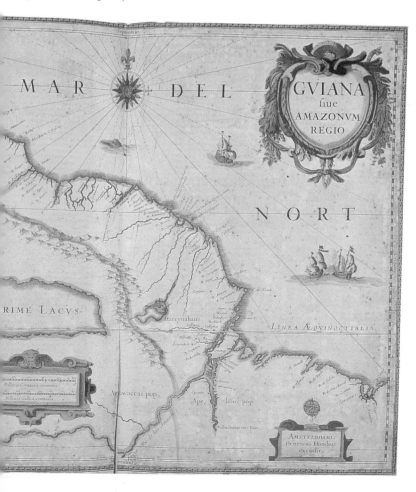

massif, et même leurs armes.» C'est du moins ce que Walter Raleigh, favori de la reine Elisabeth, affirme avoir lu dans les papiers du gouverneur de Trinidad, qu'il avait fait prisonnier.

Le royaume des Amazones serait proche de Manoa. D'après Martinez, «ces femmes (...) portent de longues robes de fine laine et des couronnes d'or larges de plusieurs pouces. Elles rendent aux hommes qui viennent les visiter chaque année les enfants mâles accouchés entre-temps, si elles ne les ont pas tués et, pour les remercier des femelles qu'elles gardent afin de perpétuer leur race, elles offrent à ces géniteurs des pierres vertes que l'on ne trouve que chez elles».

Walter Raleigh renonce aux fastes de la cour d'Angleterre pour partir à la recherche de Manoa

Etonnant personnage que ce Raleigh, noble, poète à ses heures, puis corsaire sinon flibustier, qui ne renonce pas à ses rêves.

Walter Raleigh devait moisir treize ans dans la Tour de Londres, puis revenir offrir sa tête au bourreau après être retourné une seconde fois chercher l'aventure des aventures au pays fabuleux de l'El Dorado.

Il emmêle dans son récit les détails de ce double mythe auquel il crut au point de tout quitter. Sa description du pays des Amazones, développant celle de Carvajal, l'embellit encore : «Des chemins empierrés relient entre elles leurs villes, toutes bâties de pierre. Ces chemins, bordés de murs, ont à leur entrée des portes gardées, qui ne s'ouvrent qu'à celui qui acquitte un droit de péage. A l'entour paissent en de grasses prairies des troupeaux de vigognes.»

Bref, rien ne manque à la peinture de ces très riches heures équatoriales où ce qui deviendra l'Enfer vert est plutôt présenté comme un paradis terrestre : «Jamais mes yeux n'ont vu paysage plus beau, ni ai-je contemplé d'aussi majestueuses perspectives : des collines s'élèvent, dispersées dans les vallées. Le fleuve, lové, étend autour d'elles de multiples bras, bordés de sables fermes, sur lesquels on peut aller à pied ou à cheval. Sur de vastes plaines, couvertes de verts pâturages, se croisent les chevreuils, telles de fugaces étoiles, et chantent, en innombrables orchestres, les oiseaux : hérons et cigognes, les uns blancs, d'autres vermeils ou rosés ; une aimable brise souffle de l'Orient ; et, au milieu de tout cela, chaque pierre nous promet des magasins d'or et d'argent : Sa Majesté les recevra, de mille sortes, et je crois que certains d'entre eux sont sans rivaux sous le soleil.» Ces pierres sont si communes en ce pays qu'il suffit de se baisser pour les ramasser ; les Espagnols, dit Raleigh sans plus d'explications, les appellent la «mère de l'or».

Dans son cachot londonien, Raleigh entreprit la rédaction d'une gigantesque Histoire du monde, malheureusement demeurée inachevée.

Hélas, la reine Elisabeth vient à mourir. Le second voyage de Raleigh se termine par une piteuse retraite aux Antilles, et cet aventurier à l'imagination si généreuse, qui fut aussi, dit-on, un prince charmant, n'aura pas pour finir la chance de Schéhérazade, et mourra, à l'instar de Gonzalo Pizarro, la tête tranchée, dès son retour à Londres, en 1618.

Le merveilleux d'antan accompagne d'étape en étape la découverte du Nouveau Monde

Christophe Colomb, déjà, donnait le ton dans son journal de bord, où il lui arrive de ressembler à Sindbad le Marin ; ainsi s'attend-il à rencontrer les Cyclopes dans l'île de Cuba ; et, non loin des «hommes qui n'ont qu'un seul œil au milieu du front», il ne doute pas qu'il se heurtera à d'autres êtres tout aussi étranges «qui ont des museaux de chien et se nourrissent de chair humaine».

Tout, dans cette nature telle qu'on n'en avait jamais vu, défie les règles communes de l'esprit. Aussi n'est-il pas surprenant que l'imagination des premiers Européens qui ont abordé l'Amazonie se soit enfiévrée au point d'y voir et d'y entendre «pour de vrai» tout ce dont on s'était jusqu'alors contenté de rêver, de Pline à Hérodote, des conteurs arabes aux livres des Moghols, des gestes et aventures de chevalerie aux hagiographies du Moyen Age, des gargouilles de nos cathédrales aux très réalistes délires d'un Jérôme Bosch. Rarement, sans doute, le rêve s'est si bien fait l'autre face du réel.

Mais l'Amazonie va s'avérer plus riche encore : après avoir décrit les Tivitiva, qui vivent sur les arbres, Raleigh parle des Acéphales, ces créatures monstrueuses et difformes, dont la renommée fera le tour de l'Europe.

L'amateur de Pline reconnaîtra les Blemmi, alors censés vivre en Afrique. Mais ils ne ressusciteront pas pour longtemps. Le capitaine Laurence Keymis, qui participe au second voyage de Raleigh en 1617, consigne dans son journal cette observation : «Un cacique m'a confirmé les renseignements relatifs aux hommes sans tête, qui ont la bouche au milieu de la poitrine. La fable de ces Acéphales provient de ce que ces peuples aiment se surélever les épaules, trouvant de l'élégance à cette difformité.» La lutte entre l'histoire et la légende, la fable et la réalité, a pourtant commencé tôt. Ainsi, le Français André Thevet, qui a passé trois mois au Brésil avec Villegagnon, désavoue en 1575 ce qu'il avait dit des Amazones dans *les Singularités de la France antarctique* :

On a dit des Éwaipanoma, appelés aussi Acéphales ou hommes sans tête, qu'ils ne seraient autres que les actuels Yekuana, Caraïbes de la Guyane vénézuélienne.

Le zèle des religieux poursuit si bien les «sauvages» d'Amazonie, dès le XVIᵉ siècle, qu'il contribue pour une large part à l'exode des populations indiennes vers l'intérieur des terres. Contraints de se défendre devant l'agression systématique de leurs coutumes et croyances, considérées d'emblée comme d'essence diabolique, les Indiens n'hésitent pas à massacrer au besoin leurs trop ardents zélateurs qui, loin de s'en décourager, trouvent une stimulation supplémentaire dans la possibilité qui leur est ainsi offerte de gagner les palmes du martyre. Il faudra attendre que la chrétienté apprenne le droit de tout homme à sa différence pour que commence à s'atténuer cet absurde conflit.

«Elles ne sont Amazones, sinon pauvres femmes, lesquelles, en l'absence de leurs maris, tâchent de conserver leurs biens, vie et enfants.»

En 1560, Lope de Aguirre, un obscur sous-officier, se proclame roi d'Amazonie

Mais qu'en est-il vraiment de l'El Dorado, du lac Parimé, de la fabuleuse ville de Manoa ? Pour répondre à la question, moins de vingt ans après l'expédition d'Orellana, le vice-roi du Pérou, en 1560, enjoint le général espagnol Pedro de Ursúa de redescendre la cordillère, et d'aller voir ce qu'il en est par lui-même.

A peine la troupe hâtivement levée par Ursúa a-t-elle atteint l'Amazone qu'un Basque du nom de Lope de Aguirre se soulève, exécute son général, et s'autoproclame non seulement chef de la troupe, mais aussi roi d'Amazonie. Et ceux qui ne voudront pas le suivre iront nourrir les crocodiles !

L'aventure d'Aguirre va se perdre dans les dédales des bras d'eau amazoniens. Peut-être, cherchant les Guyanes, donc allant au nord, découvre-t-il sans le savoir, plus d'un siècle avant Humboldt, le Casiquiare, ce canal naturel qui unit l'Orénoque au rio Negro ? Quoi qu'il en soit, il débouchera sur l'estuaire de l'Orénoque, face à Trinidad, et, après s'être emparé de l'île de Margarita – l'île des pêcheurs de perles –, il sera défait par les troupes légalistes au Venezuela et, bien entendu, condamné à mort.

De son histoire, il ne reste, en manière d'épilogue, que cette courte prière, la seule de sa vie sans doute, qu'il aurait prononcée sur l'échafaud avant de donner sa tête au bourreau : «Dieu, si tu dois me faire quelque bien, fais-le tout de suite ; quant à ta gloire, tu peux la garder pour tes saints.»

Que de têtes tombent donc l'une après l'autre, avec les premiers rêves qu'engendra l'Amazonie : têtes de héros, têtes de bandits, Gonzalo Pizarro, Lope de Aguirre, Walter Raleigh. Qu'ont en commun de tels hommes sinon, outre la rapacité, un goût inaltérable du surhumain, du merveilleux ?

Aguirre, à la fin de son odyssée, ayant mis à mort le gouverneur de Margarita et ses principaux officiers, règne en maître absolu sur cette île pendant deux mois, au bout desquels il décide de passer en terre ferme, bien déterminé à se tailler un plus vaste empire au Venezuela. C'est là que, abandonné par sa troupe, lassée, dit-on, du métier d'égorgeur, il tombe entre les mains des loyalistes espagnols qui l'exécutent.

Les missionnaires, eux aussi, se hasardent dans la forêt amazonienne

D'autres tentatives de pénétration de l'Amazonie ont lieu au début du XVIIe siècle. Elles coûtent la vie à plusieurs missionnaires, avant même qu'ils n'aient atteint le grand fleuve, chez ces mêmes Indiens auxquels s'était déjà si rudement heurté Gonzalo Pizarro.

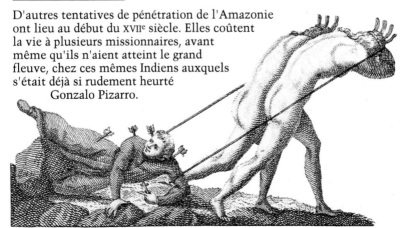

C'est une grande époque pour les pères jésuites et dominicains qui, marchant sur les brisées des conquistadors, créent de multiples et précaires missions leur permettant de recueillir de précieuses notations ethnographiques et linguistiques, premières du genre.

Une seule fois, rapporte Cristóbal de Acuña, une pirogue à la dérive, chargée de deux missionnaires et de six soldats espagnols, parvint au Pará «et tout ce qu'ils purent dire fut qu'ils venaient du Pérou, qu'ils avaient vu beaucoup d'Indiens, et qu'ils n'osaient s'en retourner par où ils étaient descendus».

Le capitaine portugais Pedro Texeira fera le premier aller et retour Pará – Quito

Un jour enfin, près d'un siècle après que la découverte d'Orellana eut ébranlé le monde, et principalement les deux cours rivales de la péninsule Ibérique, le gouverneur du Pará, établi en la nouvelle ville de Belém, décide d'organiser une expédition. Un vétéran, le capitaine Texeira, s'attaquera à la remontée du «fleuve-mer» avec ordre d'aller jusqu'à Quito et de noter en chemin tout ce qu'il jugera digne d'attention.

Il quitte les confins du Pará le 28 octobre 1637 avec une flottille de quarante-six pirogues, chargées de soixante soldats portugais et de mille deux cents Indiens qui, avec leurs femmes et accompagnateurs, représentent un total de deux mille âmes. Plus de la moitié se déroberont en chemin.

Walter Raleigh dépeint le tatou : «un animal, nommé *armadillo* en espagnol, qui est entièrement recouvert de plaques, un peu comme un petit rhinocéros, avec une queue en forme de trompette ou corne de chasse, que les indigènes utilisent justement en guise de trompette. Cette queue, me dit un médecin, appliquée à l'oreille sous forme de poudre, guérit la surdité.»

Jean de Léry, de son côté, décrit fort justement l'agouti : «une bête rousse, de la grandeur d'un cochon d'un mois, laquelle a le pied fourchu, la queue fort courte, le museau et les oreilles presque comme celles d'un lièvre, et est fort bonne à manger.»

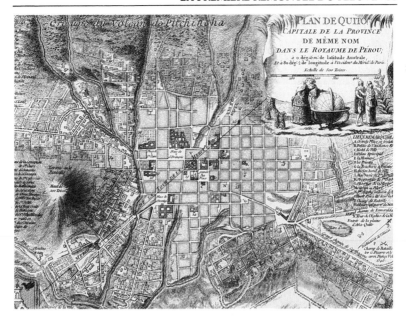

Mais la première remontée de l'Amazone sera réalisée dans le temps record de huit mois. En effet, le 24 juin 1638, Texeira prend contact avec les Espagnols, à proximité de Quito.

Quand un jésuite, après un dominicain, s'intéresse aux Amazones...

Le vice-roi du Pérou, en politique avisé, fait accueillir courtoisement le Portugais et s'empresse de donner ordre que tout l'équipement désirable lui soit fourni pour son retour chez lui, y compris l'assistance de «deux personnes à qui la couronne de Castille puisse accorder foi en ce qui concerne tout ce qui vient d'être découvert, et tout ce qui ne manquera pas de l'être pendant ce voyage de retour», précise le père Acuña.

Ce dernier est arrivé d'Espagne depuis peu pour fonder un collège de la compagnie de Jésus ; les fonctionnaires du roi lui donnent la préférence, alors que le *corregidor* de Quito en personne s'était porté volontaire.

Quel conquérant ne se fit un jour bâtisseur ! Les Espagnols n'échappent pas à la règle. A peine Pizarro tient-il l'empire des Incas qu'il veut remodeler son visage. Atahualpa est mis à mort en 1533 et sa dynastie s'éteint avec lui. Dès 1534, Belalcazar rase sa capitale et jette les plans de la nouvelle Quito, quadrillée à l'espagnole. Juché à 2 800 mètres sur l'équateur, ce précieux témoignage d'architecture jésuite est demeuré depuis lors inchangé, dans son majestueux écrin de hautes montagnes.

C'est ainsi qu'à cent ans de distance se suivront les deux premières relations de la découverte du fleuve des Amazones, œuvres, l'une d'un dominicain, l'autre d'un jésuite. En décembre 1639, Acuña atteint Belém, d'où il cingle aussitôt pour l'Espagne, ainsi qu'il lui avait été prescrit, et son livre, intitulé *Nouvelle Découverte du grand fleuve des Amazones*, sort de presse en 1641. On devine tout l'intérêt que présente la confrontation des deux témoignages.

Il pourrait exister de telles relations «qui ne soient point toujours ajustées à la vérité comme il conviendrait», déclare le père Acuña, égratignant le dominicain au passage, avant d'aborder le récit proprement dit de son voyage, «mais celle-ci le sera, à tel point que je n'y porterai chose dont je ne puisse témoigner la tête haute, avec plus de cinquante Espagnols, Castillans et Portugais, qui ont fait le même voyage, affirmant le certain pour certain et le douteux pour tel».

L' académisme de ces figures «à l'antique» évoque davantage un carton de Michel-Ange que les carnets d'un voyageur au Nouveau Monde, comme si le plus difficile, après la rencontre d'un homme nouveau, était de conserver la mémoire de ses traits.
Ces dessins illustrent le récit de Jean de Léry, qui voyagea au Brésil de 1555 à 1558, et présentent les mœurs des célèbres anthropophages Tupinamba.

Et pourtant, dès le premier chapitre, il défend l'existence des Amazones, arguant que l'on en parle de tous côtés et que «les détails, dont tous conviennent identiquement, sont si précis qu'il n'est pas vraisemblable qu'un tel mensonge puisse être formulé parmi tant de langues et de nations, avec tant d'apparence de vérité».

Le père Acuña est volontiers porté au lyrisme, et certains détails de sa description des Amazones méritent d'être rapportés : «Ces femmes de grande valeur vivent d'ordinaire sans avoir commerce avec les hommes. Et même lorsque ceux avec lesquels elles se sont concertées à cet effet viennent chaque année les visiter, ne les reçoivent-elles que les armes – qui sont arc et flèches – à la main, et elles demeurent ainsi le temps de

les juger, jusqu'à ce que, satisfaites de voir que ces hommes viennent bien en paix, elles laissent leurs armes, courent jusqu'aux pirogues de leurs invités, et, chacune mettant la main au hamac qui lui convient – qui est le lit où ils dorment –, l'emporte à leur case et l'accroche le diable sait où.»

Sa conclusion est cependant plus nuancée : «Le temps découvrira la vérité, et si ces femmes sont les Amazones célébrées par les historiens, leur territoire renferme des trésors qui pourront enrichir tout le monde.»

Le récit d'Acuña contient des notations précises sur la vie et les mœurs des Indiens

Le chemin accompli en un siècle, d'une relation à l'autre, se mesure notamment à la présence dans l'ouvrage d'Acuña d'indications annonciatrices déjà de l'approche du siècle des lumières.

> " C'est merveille d'ouïr les femmes, lesquelles braillent si fort et si haut que vous diriez que ce sont hurlements de chiens et de loups. Il est mort, diront les unes, celui qui était si vaillant et nous a fait tant manger de prisonniers. Puis les autres répondront : O que c'était un bon chasseur et un excellent pêcheur. Ah! le brave assommeur de Portugais, desquels il nous a si bien vengées, dira quelqu'une entre les autres. "
>
> Jean de Léry

Tableau des principaux

Encore inspirée de l'antique, mais d'une façon désormais si courtoise et galante qu'elle n'a plus rien de réaliste, cette peinture des Indiens, œuvre d'un contemporain de Jean-Jacques Rousseau, suffit à montrer que le temps du «bon sauvage» est venu. Il est paradoxal d'y constater que, alors que progresse à grands pas la connaissance objective du nouveau continent, la représentation qu'on se fait de ses habitants s'écarte, elle, plus que jamais de la vérité.

Elles traitent aussi bien des espèces animales et végétales, qui peuplent l'Amazone et ses rives, que des plantes que cultivent les Indiens, de leur outillage, de leurs usages en matière de pêche ou de chasse. Bref, si l'on ne peut encore parler d'observations véritablement scientifiques, du moins témoignent-elles d'un début de distanciation d'avec le fantastique, qui apparente parfois cet Espagnol au sang chaud aux huguenots français, tels André Thevet ou Jean de Léry. Ceux-ci, dès avant la fin du XVIᵉ siècle, étudiaient les «sauvages» de la côte brésilienne avec une rigueur d'ethnologues. Le parallèle s'arrête là, car Acuña n'avait certes pas pratiqué Montaigne, mais on peut dire qu'il annonce déjà La Condamine.

Ainsi note-t-il que les quatre principales ressources de l'Amazone sont le bois, le cacao (qui croissait alors à l'état sauvage sur les bords du fleuve), le tabac, le sucre de canne que suivent le coton, la salsepareille, les huiles pharmaceutiques, les gommes et résines; il y a dans cette énumération, si l'on excepte les ressources minières, tout ce qui constituera la base de l'économie amazonienne jusqu'à nos jours.

Ce qui n'empêche qu'à quelques pages de là, ce consciencieux observateur rapporte l'existence de géants hauts de dix à seize empans, soit plus de trois mètres, de nains «pas plus grands que de tendres bébés» et enfin, près du territoire de ces derniers, que l'on nomme Guyazi, «de gens qui ont les pieds à l'envers, de sorte que si l'on veut les approcher en suivant leurs traces, on ne fait au contraire que s'écarter d'eux».

A la fin du XVIIᵉ siècle, l'Amazonie sera définitivement rattachée à l'empire du Brésil

Et Acuña de conclure que de l'Amazone, «phénix des fleuves», on peut affirmer «que ses rives sont, pour leur fertilité, des paradis, et que si l'art aidait la fertilité du sol, il ne serait dans sa totalité que paisibles jardins». La péroraison sent son courtisan ! «Bien qu'il contienne de grandioses trésors, il n'exclut personne. Plus encore, il invite avec

libéralité toutes sortes de gens à profiter de lui : au pauvre, il offre subsistance, au travailleur, de quoi œuvrer à satiété, au marchand, le négoce, au soldat, le chemin de la gloire, au riche, un regain de fortune, au puissant, des Etats et, au Roi lui-même, un nouvel empire.»

En dépit de cette invite non déguisée, l'Espagne ne tentera pas de ravir l'Amazonie au Portugal, du moins pour l'essentiel de la cuvette, soit cinq à six millions de kilomètres carrés qui resteront définitivement acquis au Brésil. Mais il y aura sur tout le pourtour de cette immense plaine une Amazonie castillane aux confins du Venezuela, de la Colombie, de l'Equateur, du Pérou et de la Bolivie.

Le partage de l'Amazonie est donc accompli, dès la fin du XVIIᵉ siècle ; hormis Espagnols et Portugais, personne ne reste en lice. Les prétentions des autres navigateurs – anglais, français, hollandais – se trouvent rejetées au nord, sur l'autre versant des Guyanes.

L'installation du fort de Presepio à Belém do Pará, le 12 janvier 1616, peut être considérée comme le début de la mainmise du Portugal sur l'Amazonie. Après l'éviction des Hollandais, Français, Anglais et Irlandais, puis la reconnaissance accomplie par le capitaine Texeira jusqu'à Quito, la pénétration portugaise se fera avec, comme premier relais, le fort de Barra, futur Manáos, aux bouches du rio Negro (1669) et l'établissement sur ce fleuve de gens de robe plus encore que de gens d'épée.

« **A**vec un enthousiasme qui surmontait tous les obstacles, ils escaladèrent les Andes, ils descendirent les sombres rivières mystérieuses, ils traversèrent les déserts et, à force de luttes, se frayèrent un chemin au travers des enchevêtrements inextricables de ces jungles tout étoilées d'insectes phosphorescents. (...) L'Amérique fut ainsi fouillée, codifiée, et se fit connaître par une littérature qui arracha enfin le continent au domaine de la fantaisie. »

Victor Wolfgang von Hagen

CHAPITRE 3

LE SIÈCLE DES LUMIÈRES ÉCLAIRE LA FORÊT

Précurseurs de la science contemporaine, La Condamine puis Humboldt entrouvrent l'Amazonie aux froids éclairages de la raison. Moins de cent ans plus tard, le Brésil prendra le positivisme pour religion.

De même qu'un siècle tout rond sépare les deux premiers récits de l'exploration du «fleuve-mer», entre 1540 et 1640, de même faudra-t-il un siècle pour passer de la relation d'Acuña à ce que l'on peut appeler le premier compte rendu scientifique d'une descente de l'Amazone.

Avec La Condamine, les temps modernes pénètrent en Amazonie

C'est en 1745 que Charles Marie de La Condamine lira en l'Académie des sciences de Paris sa *Relation abrégée d'un voyage fait dans l'Amérique méridionale, depuis la côte de la mer du Sud jusqu'aux côtes du Brésil et de la Guyane, en descendant la rivière des Amazones.*

L'expédition de La Condamine, parti mesurer un degré méridien sur l'équateur, avait pour motif une controverse purement scientifique qui l'opposait à Newton au sujet du renflement de la terre à l'équateur et de son aplatissement aux pôles. Botanistes, astronomes ainsi que les plus prestigieux savants français du XVIIIe siècle l'accompagnent. Sa mission accomplie à Quito, il décide d'entreprendre la descente de l'Amazone.

Certes, dans son récit, il n'y a pas rupture brutale entre le rêve et la réalité, mais plutôt un fondu enchaîné, comme on dit au cinéma, où s'estompe le visage de la fable tandis que s'affirme celui de la description objective.

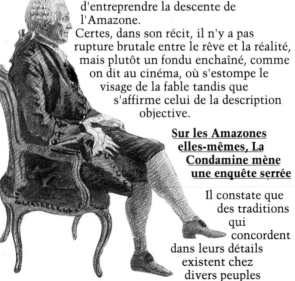

Sur les Amazones elles-mêmes, La Condamine mène une enquête serrée

Il constate que des traditions qui concordent dans leurs détails existent chez divers peuples

Réflexion de La Condamine au sujet du curare : «On sera sans doute surpris que, chez des gens qui ont à leur disposition un instrument si sûr et si prompt pour satisfaire leurs haines, leurs jalousies et leurs vengeances, un poison aussi subtil ne soit prescrit qu'aux singes et aux oiseaux des bois. Il est encore plus étonnant qu'un missionnaire toujours craint et quelquefois haï de ses néophytes vive parmi eux sans crainte et sans défiance.»

❝ Quand on ne trouverait plus aujourd'hui de vestiges actuels de cette République de femmes, ce ne serait pas encore assez pour pouvoir affirmer qu'elle n'a jamais existé. (...) Si jamais il y a pu avoir des Amazones dans le monde, c'est en Amérique où la vie errante des femmes qui suivent leurs maris à la guerre, et qui n'en sont pas plus heureuses dans leur domesticité, a dû leur faire naître l'idée de se soustraire au joug de leurs tyrans. ❞

La Condamine

suffisamment étrangers les uns aux autres pour qu'on ne les suspecte point de connivence. Tout concourrait à penser, écrit-il, qu'après une migration du sud au nord les femmes guerrières se seraient installées au centre de la Guyane. Alexander von Humboldt, en 1800, suppose «non qu'il y a des Amazones, (...) mais que, dans différentes parties de l'Amérique, des femmes, lasses de l'état d'esclavage dans lequel elles sont tenues par les hommes, se sont réunies, comme les nègres fugitifs».

Une telle prudence de la part d'esprits aussi rigoureux que La Condamine et Humboldt peut surprendre : sans doute, devant l'ampleur et la persistance de la rumeur, pensent-ils ne pas avoir en main de preuves objectives suffisantes pour pouvoir trancher sur l'existence de «républiques de femmes» au Nouveau Monde. Il faut noter qu'à la même époque des observateurs, ne manquant ni de connaissances ni de pratique du monde indien, n'hésitaient pas, eux, à bousculer la légende. Ainsi, le capitaine de frégate Solano, envoyé du roi d'Espagne pour diriger la première commission de frontières hispano-lusitanienne entre ce qui ne va pas tarder à se nommer Brésil et Venezuela, mentionne en 1756 que chez les Guipuinavi les femmes, et surtout les jeunes mariées, accompagnent leur mari à la guerre et s'y montrent des plus courageuses, ce qui s'explique, ajoute-t-il, car elles sont très passionnées et, dès leur petite enfance, ont appris comme les garçons le maniement de l'arc et de l'écu. Il en conclut : «Il faut croire que ces femmes, ou d'autres semblables à elles, sont les Amazones d'Orellana que l'on voyait dans les batailles, au milieu des hommes, car d'ici [le haut Orénoque] jusqu'à l'Amazone, les femmes participaient aux combats à cette époque comme aujourd'hui.»

Peu à peu les montagnes s'ordonnent sur les cartes et les fleuves trouvent leur place véritable

La «folle du logis» a cessé de commander, dans cette Amazonie sans Amazones. Après qu'ont disparu les femmes guerrières, voici que le lac Parimé, plus grand que la mer Caspienne, Manoa,

❝ Alexandre de Humboldt a passé quelques heures chez moi ce matin. Quel homme ! Je le connais depuis bien longtemps et pourtant il me cause toujours une nouvelle surprise. On peut dire que ses connaissances et son talent sont inégalés. Je n'ai jamais vu d'esprit aussi universel. Quel que soit le sujet abordé, il s'y sent comme chez lui et prodigue des trésors d'esprit. Il est comme une fontaine à nombreux robinets : il suffit de tendre des vases pour recueillir des flots précieux et intarissables. ❞

Goethe,
Lettre à Eckermann

la ville fabuleuse, et le palais de l'El Dorado, s'effacent eux aussi des cartes. Des commissions, comprenant géomètres et arpenteurs, commencent à marquer les frontières en plein travers de ce qui demeure encore largement l'inconnu.

La confusion qui régna si longtemps sur le tracé des Guyanes – et qui doit beaucoup à la rumeur de l'Eldorado – allait de pair avec une confusion des deux systèmes fluviaux de l'Orénoque et de l'Amazone.

Ce ne fut qu'à la fin du XVIIIe siècle que l'on comprit que l'Içá et le Putumayo n'étaient que les deux noms – l'un colombien en amont, l'autre brésilien en aval – d'un même grand tributaire de l'Amazone descendant de la cordillère andine, tout comme le Japurá brésilien, qui n'est autre que le Caquetá colombien. Aucun de ces deux fleuves ne rejoint directement l'Orénoque ni le rio Negro, comme on l'avait longtemps cru ; alors que plus au nord le Meta, le Vichada et le Guaviare, qui leur sont approximativement parallèles, sont, eux, des affluents de l'Orénoque.

C'est pour résoudre le problème, déjà soulevé par La Condamine, des communications entre les bassins de l'Amazone et de l'Orénoque que Humboldt et Bonpland entreprennent, en 1800, la remontée de l'Orénoque. Ils naviguent, à la mode du pays, sur ces grandes pirogues à demi pontées et couvertes d'un toit de palmes que l'on nomme *falcas*. Ces mêmes embarcations, aujourd'hui propulsées par un moteur, continuent de circuler sur le haut Orénoque et sur le rio Negro.

C'est à Humboldt que revient la gloire de la découverte du canal Orénoque – Amazone

Mais quel était donc le lien unissant les deux grands fleuves ? Car on ne pouvait douter qu'il y en eût un : trop de témoignages concordaient. Comment, sinon, aurait-on retrouvé dans l'un des flottilles indiennes rencontrées dans l'autre ? Et comment Aguirre le Révolté aurait-il pu, quittant l'Amazone, parvenir à la mer par les bouches de l'Orénoque ?

Les méprises remontaient aux premières cartes d'ensemble qui firent foi : celle de Sanson fut établie sur les observations du père Acuña ; la seconde, déjà moins fantaisiste, gravée en 1707, était le résultat des quarante-cinq années de travail de terrain d'un jésuite allemand, le père Samuel Fritz. Manquaient encore cent ans pour y voir clair. Mais comment aurait-on plus vite réussi à débrouiller l'écheveau, en ce pays de démesure, où tant d'eau coule simultanément en tout sens ? Le mérite d'Humboldt fut de décrire noir sur blanc le cours du canal Casiquiare, qu'il avait personnellement remonté, en 1800, du rio Negro, où il débouche, au haut

❝ Après tout ce que nous avions enduré jusqu'ici, il me sera permis, je pense, de parler de la satisfaction que nous éprouvâmes d'avoir atteint les affluents de l'Amazone, d'avoir dépassé l'isthme qui sépare deux grands systèmes de rivières, d'être sûrs de remplir le but le plus important de notre voyage, celui de déterminer astronomiquement le cours de ce bras de l'Orénoque qui se jette dans le rio Negro, et dont l'existence, depuis un demi-siècle, a été prouvée et niée tour à tour. ❞

Humboldt

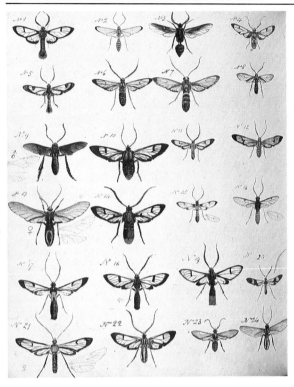

C'est d'Angleterre que va surgir au milieu du XIXᵉ siècle, dans le sillage de la révolution industrielle, un nouveau type de chercheurs qui ne doivent rien aux privilèges de la naissance. Tels sont Bates et Wallace, dont les noms demeurent attachés aux progrès des sciences naturelles. Lorsqu'ils font connaissance et s'avouent l'un à l'autre leur rêve d'aventure, l'un est aide arpenteur, l'autre apprenti bonnetier. Ils obtiennent du British Museum la commande d'une collection d'insectes et de plantes qui leur sera payée trois pence par spécimen rendu en bon état et, en mai 1848, les voici débarqués à Belém do Pará, avec leur enthousiasme pour tout bagage.

Orénoque, d'où il part. Dès lors, et définitivement, était rendu aux Andes ce qui vient des Andes et aux Guyanes ce qui descend des Guyanes. En fait, dès 1742, une négresse parvenue au Brésil et se disant vénézuélienne avait parlé d'une rivière allant de l'Orénoque au rio Negro. Deux ans plus tard, des jésuites faisaient la même constatation : un missionnaire du rio Negro, remontant le fleuve en bateau, était allé rendre visite au supérieur des missions de l'Orénoque et tous deux étaient redescendus ensemble par la même voie. Humboldt confirme donc, un demi-siècle après sa découverte, l'existence du canal Casiquiare. Il en précise la position, il en démontre la parfaite navigabilité.

A la veille de la révolution industrielle, qui va changer la face du monde et multiplier les échanges entre le vieux et le nouveau continent, la nouvelle est d'importance : la voie du Casiquiare jouera un grand rôle dans le brusque développement que va connaître l'Amazonie. Mais pour l'instant, le fleuve se vide de ses habitants. La Condamine a, le premier, signalé ce courant irréversible qu'entraîne l'arrivée des soldats et missionnaires : «Les bords du Marañón étaient encore peuplés, il y a un siècle, d'un grand nombre de nations qui se sont retirées dans l'intérieur des terres aussitôt qu'elles ont vu les Européens.»

«Des hommes dévoués et laborieux qui ne naviguent pas sur l'Amazone pour en dévaster les bords mais pour les observer»

C'est ainsi qu'Alcide d'Orbigny évoque ces savants du XIXe siècle. Une trêve relative dans le massacre des Indiens coïncide en effet avec l'époque des grands voyageurs scientifiques. Naturalistes pour la plupart, et principalement botanistes, tous dans la tradition du XVIIIe siècle, sont quelque peu philosophes et, à l'instar de Humboldt, universels,

Henry Walter Bates passe onze ans en Amazonie d'où il rapporte 14 712 spécimens, dont 8 000 constituent des espèces nouvelles. Devenu une sommité en entomologie, il fonde la théorie du mimétisme, qui contribuera à la découverte de l'évolution des espèces.

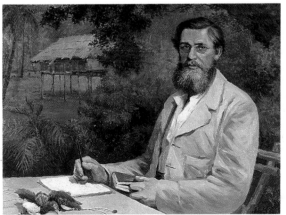

Alfred Russel Wallace, père de la zoogéographie, passe quatre ans sur le rio Negro. Précurseur de l'évolutionnisme, il communique à Darwin son essai sur la sélection naturelle, qui sera lu à la Linean Society de Londres en même temps que la première ébauche de la célèbre *Origine des espèces*.

en cet heureux temps où la spécialisation des sciences n'interdit pas d'en pratiquer plusieurs à la fois. Ils vont fonder tout naturellement l'ethnographie amazonienne. Leurs relations de voyage, qui nous font souvent pénétrer la vie, les mœurs et les coutumes encore intouchées de groupes indiens, présentent d'autant plus d'intérêt que la plupart d'entre eux sont aujourd'hui totalement acculturés, quand ils n'ont pas tout simplement disparus.

On voyageait longtemps et beaucoup en cette époque. Le botaniste Auguste de Saint-Hilaire, envoyé de Louis XVIII au Brésil, parcourt douze mille kilomètres de jungle pour constituer un herbier. D'Orbigny, également botaniste mais aussi zoologiste et déjà ethnographe, va de l'Argentine au Pérou, sillonne les Amazonies brésilienne, bolivienne et péruvienne, et regagne enfin Paris avec une collection scientifique de cent mille pièces, si précieuse que bien des études actuelles se fondent encore sur ses observations. Et que dire de Johann Baptist von Spix et de Karl Friedrich Philipp von Martius, de tant d'autres, de toutes nationalités ?

❝ Ils lui enlacent une corde autour du cou, le suspendent à un arbre et grimpent après le reptile comme à un mât, atteignent son cou, lui ouvrent la gorge avec un couteau et, se laissant couler à terre, le pourfendent sur toute sa longueur. **❞**
Malte-Brun

Ces savants sont soutenus par le puissant courant de curiosité qui anime l'opinion européenne : ils sont populaires, portés par la ferveur d'un siècle épris de découvertes, et cela contribue à les stimuler et à dégager les crédits nécessaires à leurs entreprises. Ainsi, la revue *le Tour du monde* n'hésite pas à publier pendant trois années ininterrompues le récit du voyage de Paul Marcoy qui dura quatorze ans, de 1846 à 1860, pour aller des déserts de la côte péruvienne jusqu'à Belém do Pará. Seuls les chroniqueurs de la conquête espagnole firent œuvre aussi importante pour la connaissance d'un continent dont l'exploration et l'envahissement allaient bouleverser le visage. Et la masse de documents, notations, collections qu'ils

ont rapportée constitue, à l'instar des Archives des Indes de Séville, un fond auquel science et histoire n'ont pas fini de puiser.

Un nénuphar géant sur lequel un boa lové peut dormir à l'aise

Parmi les innombrables découvertes faites à cette époque en Amazonie, il en est de plaisantes et de graves, de pittoresques et de considérables. Ainsi le botaniste Richard Schomburgk, qui explore la Guyane, alors britannique, dans les années 1840, trouve un jour un nénuphar géant du plus bel effet : sa feuille est une sorte d'immense plat à tarte, d'environ deux mètres de diamètre, sur laquelle un boa lové peut dormir à l'aise, à l'ombre d'une fleur gigantesque dont la vaste corolle passe par toutes les gradations du rose, entre le blanc nacré des pétales et l'incarnat du cœur. Schomburgk, galant homme, baptise *Victoria regia*, du nom de sa souveraine, cette fleur digne de la démesure amazonique, qui fait l'orgueil des jardins botaniques. Mais il y eut des découvertes plus précieuses encore, bien que moins inoffensives, qui allaient donner un regain de légende au fleuve des Amazones.

L es deux monstres les plus spectaculaires des eaux amazoniennes, caïman et anaconda, sont d'irréductibles adversaires dont on imagine les titanesques combats. L'anaconda peut atteindre 12 mètres de longueur et peser 150 kilos. Le caïman niger mesure 5 à 6 mètres, tandis que son cousin de la côte caraïbe, le *Crocodilus intermedius*, qui ne craint pas l'eau de mer, dépasse, dit-on, les 8 mètres. Il a très mauvaise réputation.

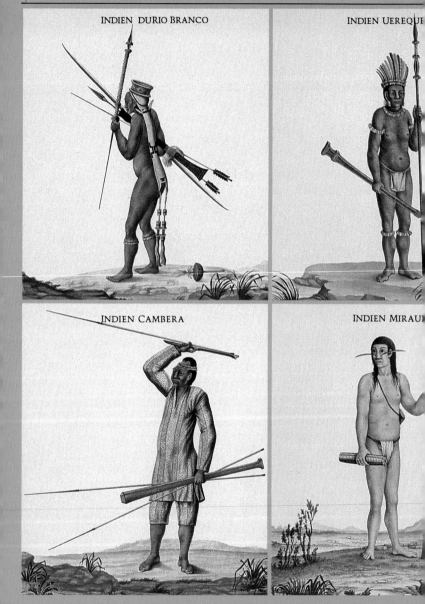

INDIEN DURIO BRANCO

INDIEN UEREQUE

INDIEN CAMBERA

INDIEN MIRAU

INDIEN UAUPES

INDIEN MAUA

Voyage philosophique

De 1783 à 1792, une équipe portugaise surgit dans le concert des voyageurs philosophes. On lui doit la plus précieuse collection d'images constituée au XVIIIe siècle sur les hommes et les animaux d'Amazonie. Alexandre Rodriguez Ferreira est docteur en «philosophie naturelle» de l'université de Coimbra. Deux dessinateurs du Cabinet royal d'histoire naturelle de Lisbonne, Joaquin José Codina et José Joaquin Ferreira, l'accompagnent. Ils ne cesseront de peindre, pendant neuf ans, sur un parcours long de presque 40 000 kilomètres – le tour de la Terre – par les rios Negro, Branco, Madeira, Guaporé et Mamoré. Presque partout, ils sont les premiers sinon toujours à voir, du moins toujours à dépeindre, avec une précision de photographes, ce qui permet de surprenantes découvertes, telles que l'usage du propulseur, une des plus anciennes armes de l'humanité, antérieur à l'arc, servant à lancer une flèche ou un javelot (ci-contre, en bas à gauche).

PERRUCHE

PARESSEUX

ATELES

SINGE HURLEUR

PÉCARI

TAMANOIR

SINGE DOURADO

La science du dessin

Codina et Freyre, les dessinateurs du *Voyage philosophique*, sont des observateurs d'une rigueur toute scientifique. Leur description de la faune endémique amazonienne est donc aussi précise que celle des armes et parures indiennes. Le colibri ou oiseau-mouche, que les Brésiliens appellent l'«oiseau baise-fleur», est si petit et orné de couleurs si vives qu'il semble un chef-d'œuvre d'orfèvrerie émaillée. Le pécari, provende des forêts, car sa chair est goûteuse et nourrissante, vit en manades, qui peuvent grouper cent individus; les Indiens le chassent à la lance et, soucieux de ne pas gaspiller les ressources de la nature, n'en tuent que ce qu'ils vont consommer ou boucaner pour la saison des pluies, qui est leur hiver. Le singe à queue prenante, ou atèle, est seul au monde à pouvoir ainsi se balancer de branche en branche; le singe hurleur est plus sombre, lourd et mal nommé, car il gémit plus qu'il ne hurle du fond des forêts au lever et à la chute du jour.

PERRUCHE

PIRANHA

GARGA-BRANCA-PEQUENA

COQ DE ROCHE

MATA MATA

MOROCOY OU JABUTI

JACARETINGA

Heurs et malheurs d'un manuscrit

L a réputation du piranha, ou poisson cannibale, que l'on nomme pour cette raison *caribe* sur l'Orénoque, n'est plus à faire. Précisons toutefois qu'il n'est pas minuscule, comme on l'a dit, mais de la taille d'une carpe. Le coq de roche, à l'élégante robe safranée surmontée d'un éventail de même couleur, est l'ambition de tous les collectionneurs d'oiseaux d'Amérique. Enfin, la mata-mata, bizarre tortue qui semble s'être prise la tête dans un entonnoir, a la particularité – son cou n'étant pas rétractile – de rentrer latéralement la tête sous sa carapace. Le travail monumental de Rodriguez Ferreira ne parvint indemne à Lisbonne que pour affronter d'autres périls : il disparut, d'abord dérobé par Geoffroy Saint-Hilaire pendant l'invasion napoléonienne. Ferreira mourut en 1815, ayant cru perdue l'œuvre de sa vie. Les manuscrits restitués s'éparpillèrent ensuite, pour ne se regrouper qu'au bout d'un siècle.

«Il croît dans la province d'Esmeraldas un arbre appelé hévé. Il en découle par une seule incision une liqueur blanche comme du lait qui se durcit et se noircit peu à peu à l'air. (...) Les Indiens Maya nomment la résine qu'ils en tirent cahutchu, ce qui se prononce caoutchouc et signifie l'arbre-qui-pleure.»

Charles Marie de La Condamine

CHAPITRE 4

LA GRANDE AVENTURE DU CAOUTCHOUC

❝La découverte des arbres et des techniques d'utilisation du caoutchouc est entièrement due aux Indiens, et pourtant le succès de cette industrie devait entraîner leur destruction.❞
Alfred Métraux

Ce point de la *Relation* de La Condamine devait retenir spécialement l'attention du savant aréopage réuni à l'Académie des sciences de Paris.

Du bon usage de la seringue chez les Indiens Omagua

«Les Portugais, poursuit La Condamine, ont appris des Omagua à faire de cette matière des pompes de seringue qui n'ont pas besoin de pistoń : elles ont la forme de poires creuses, percées d'un petit trou à leur extrémité, où ils adaptent une canule; on les remplit d'eau et, en les pressant, (...) elles font l'effet d'une seringue ordinaire. Ce meuble est fort en usage chez les Omagua. Quand ils s'assemblent pour quelque fête, le maître de maison ne manque pas d'en présenter une par politesse à chacun des conviés, et son usage précède toujours parmi eux le repas de cérémonie.»

Ainsi, par le truchement de seringues et de canules, s'ouvre le chemin qui conduira à l'une des plus importantes conquêtes de la technologie industrielle contemporaine. Le Brésil en a conservé le souvenir dans la langue : un peuplement de caoutchouc sylvestre s'y nomme *seringue,* un chercheur de caoutchouc *seringueiro.*

A la remarque de La Condamine sur les Omagua, il convient d'ajouter que leur seringue était remplie d'un narcotique qu'on pouvait, par ce moyen, soit inhaler, soit prendre en clystère. La drogue, toujours chargée d'un contenu magique, explique l'usage convivial de l'instrument. Le premier objet de caoutchouc manufacturé en Europe sera la gomme à effacer, inventée par le physicien anglais Prestley. Il la baptise *Indian rubber,* «effaceur indien».

Les Indiens connaissaient divers arbres à caoutchouc, dont il maîtrisaient depuis des temps immémoriaux les techniques d'utilisation

Ainsi la balle du jeu de paume des Mayas de Méso-Amérique était-elle de caoutchouc, comme partout où ce jeu est attesté, c'est-à-dire chez les Taino d'Haïti, les Apinayé du Brésil central et les Guarani.
Les mailloches des tambours d'appel du haut Orénoque étaient garnies de caoutchouc ; de la gomme ajoutée au bois mouillé aidait à faire prendre le feu, on en calfatait les voies d'eau des pirogues. Dès le début du XVIIIe siècle, les Portugais du Pará apprennent des Indiens à mouler le latex pour en faire des bottes et des récipients, et à le couler sur la toile pour l'imperméabiliser. Sa commercialisation puis son exportation seront longtemps destinées à ces usages ainsi qu'à la fabrication de tuyaux, de rondelles, de ceintures.

Mackintosh, Hancock, Goodyear, Michelin, Dunlop : des noms qui ont pris valeur de symboles

A partir de 1850, l'augmentation foudroyante de la demande internationale, qui va provoquer la fièvre du caoutchouc en Amazonie, sera due principalement à l'intensification de l'usage de la bicyclette et de l'automobile, mais aussi aux trouvailles de quelques inventeurs dont l'histoire est devenue légendaire. L'Irlandais Mackintosh, le premier, a gagné une rapide célébrité, en 1823, par l'industrialisation du tissu caoutchouté. Hancock, sept ans plus

L'usage de cette longue seringue, au moyen de laquelle les convives s'insufflent réciproquement une prise dans la narine, s'est conservé chez les Yanomami, consommateurs de drogues hallucinogènes et psychédéliques. Cependant, leur instrument, fait d'une canne creuse à embout de cire, ne recourt pas à l'adjuvant de la poire de latex.

tard, trouvera le procédé afin de rendre plastique le caoutchouc brut. Goodyear, en 1839, met au point la vulcanisation, qui permettra de produire les premiers pneus.

L'histoire du caoutchouc, dès lors, est liée à celle de l'automobile. En 1888, un vétérinaire irlandais, bricolant le tricycle de son fils âgé de dix ans, invente le premier pneu à valve, qu'il décide, tout compte fait, de breveter : il se nomme Dunlop. Quatre ans plus tard, un Français, Michelin, fabrique le premier pneu démontable.

Et c'est le boom. La demande s'envole. L'Amazonie ayant le monopole de l'hévéa, elle peut fixer ses prix et devient un immense Klondike équatorial : depuis la Bolivie, le Pérou, l'Equateur, la Colombie, le Venezuela, l'or noir – par le Marañón, l'Ucayali, le Javari, le Madeira, le Napo, le Putumayo, le Caquetá et le rio Negro – converge vers Manáos, premier port en eaux profondes, accessible toute l'année aux navires de haute mer, qui devient la capitale mondiale du caoutchouc. A peine débarquées sur ses docks flottants, merveilles de technique uniques au monde, les boules de latex se transforment en une pluie d'or qui ruisselle sur la ville au luxe bientôt extravagant. Le cortège des anciens mythes renaît-il de ses cendres ?

On avait oublié Manoa, voici Manáos la fabuleuse

Il n'y avait là, au début du XIXe siècle, qu'une bourgade de garnison du nom de Barra, née d'un fortin que les Portugais avaient construit en 1669 pour surveiller les Espagnols. Lorsque d'Orbigny y fait escale, vers 1830, il est frappé par l'activité des quelque trois mille va-nu-pieds qui font commerce de tout ce que l'on peut tirer de la région : poisson séché, salsepareille, noix du Brésil, huile d'œuf de tortue...

C' est l'essor du caoutchouc qui conduit le Brésil à internationaliser les eaux de l'Amazone dès 1867. Le temps des Michelin et des Dunlop est encore loin : il faudra dix ans pour qu'un premier cargo, évidemment britannique, mouille à Manáos. Mais ensuite, quelle affaire !

L'exploitation du caoutchouc

L e *seringueiro* a ses arbres marqués, que réunit l'*estrada*, ou piste qui matérialise son secteur réservé. Pour que l'exploitation soit rentable, il lui faut disposer d'une centaine d'hévéas dont la densité de peuplement doit atteindre 10 arbres à l'hectare. C'est qu'il doit chaque jour travailler tous ses arbres dans les quatre premières heures de la matinée, avant que le soleil ne fasse prendre la sève et refermer la plaie. Il obtient ainsi 5 à 6 kilos de suc, qu'il lui faut, de retour à son carbet, coaguler à la fumée d'un feu de noix de palmes, vertes et acides; l'hévéa s'agglutine alors sur un bâton qu'il tourne d'une main au-dessus de la flamme, jusqu'à obtention d'une boule de 30 à 40 kilos de caoutchouc. Il repart, ce travail accompli, ramasser des noix en forêt, pour le fumage du lendemain, et ce n'est qu'ensuite qu'il peut s'occuper de sa nourriture et prendre un peu de repos.

Le cercle infernal

A la saison des pluies, la forêt devient impraticable et le seringueiro descend sa récolte à Manáos, où l'attend son *aviador*. Celui-ci, après avoir fendu, classé et pesé les boules selon leur qualité, règle le compte de son client avant de passer avec lui un nouveau marché. Comme il dispose dans ses magasins d'un stock considérable de conserves, de boissons, de vêtements et de tout ce dont a pu rêver le malheureux pendant ses mois d'isolement en forêt, il est aisé de deviner que le seringueiro repart chaque fois plus endetté qu'il n'était venu. Ce qui fait que cet homme, qui se croit «libre», ne fait que s'enchaîner lui-même chaque année plus lourdement au plus impitoyable des maîtres.

Mais la technique de fumaison du latex, qui le rend transportable donc exportable, va tout changer. En 1850, Barra est promue capitale de province sous le nom de Manáos, et reçoit ses premiers crédits d'équipement. Elle expédie cette année-là vers le Pará près de mille tonnes de caoutchouc, puis trois mille en 1870, douze mille en 1880, vingt mille à l'aube du nouveau siècle.

Manáos est alors une métropole de cinquante mille habitants, non plus dépenaillés, mais habillés, sinon blanchis, à Londres et à Paris. Les affaires ne s'y traitent pas en milreis mais en pièces d'or, et non sur des tables branlantes mais dans les salles cossues de grands cafés où un personnel stylé, importé d'Europe, sert champagne, whisky et cognac. Et les bateaux, qui

L'équipement de la ville de Manáos fut l'œuvre du Dr Ribeiro, gouverneur depuis 1893. «J'ai trouvé un village, aurait-il dit, j'en ai fait une ville moderne.» A l'heure des premiers tramways électriques, trois compagnies dramatiques se relaient à l'opéra, qui vient d'être inauguré. «Un monument de laideur, une espèce de Panthéon plâtreux», écrira trente ans plus tard Henry Bidou. Sans doute les canons esthétiques de l'Amazonie en 1900 ne sont-ils pas ceux d'un Parisien de 1930. La ville s'enorgueillit également de posséder trois hôpitaux, dont un pour les aliénés et un pour les Portugais. Elle se veut propre et s'ouvre à la science, avec 10 collèges privés, plus de 25 écoles, une bibliothèque publique.

emportent le caoutchouc vers New York et Liverpool, débarquent en échange des cargaisons de banquiers et de jolies femmes. Bref, on ne s'ennuie plus sur l'Amazone.

La ville s'est agrandie sur des marais, que l'on a recouverts de pavés portugais venus de Lisbonne avec leurs paveurs. Seize kilomètres d'avenues sont desservies par des tramways, électriques évidemment, alors que ceux de Boston sont encore tirés par des chevaux. Les abonnés au téléphone appellent chaque matin les grandes bourses du monde pour fixer le cours du caoutchouc : ils sont trois cents dès la pose des premières lignes, en 1897. Au-dessus des toits de la ville s'élève alors la coupole verte du Theatro Amazonas qui comptera pour beaucoup dans la légende dorée de Manáos.

D'après Wallace, «en Amazonie, tout le monde est commerçant (...). La province est couverte de marchands qui, pour la plupart, ne sont que des colporteurs ; leurs marchandises sont seulement dans un canot au lieu d'être dans une charrette.» Cinquante ans plus tard, ces marchandises, débarquées par pleins cargos, occupent d'énormes entrepôts.

Cette même année, un service transatlantique régulier est établi entre Manáos et Liverpool par les steamers d'une compagnie créée pour la circonstance : la Booth Line. C'est la consécration.

La crise : le décor s'effondre et une sinistre réalité apparaît

Lorsque Manáos atteint le sommet de sa puissance, entre 1908 et 1910, quatre-vingts millions d'hévéas répartis sur trois millions de kilomètres carrés de forêt sont en exploitation. Manáos exporte annuellement quatre-vingt mille tonnes de caoutchouc brut, dont les droits de sortie couvrent 40 % de la dette nationale du Brésil. Cela représente la moitié de la production mondiale, la moitié seulement, car le temps du monopole n'est plus : des graines volées en Amazonie trente ans plus tôt ont donné naissance en Malaisie à d'immenses plantations d'hévéas, dont le rendement et les prix de revient rendent toute concurrence impossible. De plus, les arbres, épuisés par des années de ponction sauvage, donnent chaque année un peu moins de résine. Dès lors s'amorce une crise inexorable, qui va frapper l'Amazonie de plein fouet.

Les banqueroutes commencent. En 1912, on vend à perte, et les empires construits d'un coup de baguette s'écroulent comme des châteaux de cartes. L'opéra ferme. Les boîtes de nuit et les commerces de luxe ferment. Seule fonctionne, sans relâche, la salle des ventes, où les magnats d'hier bradent bijoux, mobilier, objets d'art... Des mois à l'avance, les guichets de la Booth Line affichent complet sur tous les bateaux en partance pour l'Europe. Ne subsistent inchangés, dans l'éternelle indifférence des pauvres, que les faubourgs où de grosses femmes dorment sous leurs vérandas de palmes, tandis que des groupes d'enfants s'agitent, rouges dans la poussière rouge que soulèvent leurs pieds nus, là où l'asphalte se change en doigts écartés qui disparaissent dans la frange vert sombre de la forêt.

La même année, cependant, à près de deux mille kilomètres de là, on inaugure fièrement la ligne de chemin de fer reliant Madeira à Mamoré, longue de trois cent cinquante kilomètres.

Auguste Plane, un commerçant français, évoque ainsi un voyage sur le Madeira en 1903 : «A dix heures, la clochette du maître d'hôtel nous annonce que le déjeuner est servi. Un voyage d'aviador réclame un développement inaccoutumé : ce sont jours de fête pour tous ces braves gens qui vont se séparer et se disperser dans les forêts où beaucoup succombent, vaincus par les fièvres.»

La «Folle Marie», c'est ainsi que les ingénieurs désignaient le projet, pharaonesque et génocidaire, du chemin de fer Madeira-Mamoré. On a calculé en «vies humaines par traverse» le prix de revient des chemins de fer construits par les Européens dans leurs colonies africaines : aucun n'a coûté aussi cher. Le chantier fut ouvert en 1908, aux confins du Brésil et de la Bolivie, dans une zone forestière particulièrement dense, isolée et insalubre. Il fallut tout acheminer, par bateau, mules et porteurs, du monde entier : charbon du Pays de Galles, acier de Pittsburgh et même, ô ironie!, le bois, car seul convenait l'eucalyptus australien. Toute l'énorme réserve de gomme de l'Acre et du Madre de Dios devait être écoulée par là. Et lorsque tout fut achevé, cinq ans plus tard, le marché du caoutchouc s'effondra. 6 000 travailleurs étaient morts pour rien.

Elle doit permettre d'acheminer en de meilleures conditions le caoutchouc du Beni et du Madre de Dios à Porto Velho, que peuvent atteindre les cargos remontant de l'Amazone. Cette voie ferrée, en travers de la forêt équatoriale, a coûté cinq ans de travail, des millions de livres-or, et six mille morts. Elle ne servira à rien : le caoutchouc bolivien est trop cher. Suarez et Araña, les deux rois du pays, n'ont qu'à chercher fortune ailleurs.

Le Bolivien Suarez : le Rockefeller du caoutchouc

Suarez, qui, en bon self-made-man, a commencé pieds nus, est le plus riche caoutchoutier d'Amazonie. Il possède huit millions d'hectares en Bolivie, deux villes sur le rio Beni, Riberalta et Villa Bella, et tout un chapelet de relais frappés du sigle «Suarez Hermanos», où accostent ses bateaux qui ont l'exclusivité des transports sur le Madeira. Ils étaient sept frères mais ne sont plus que six depuis que les Indiens Caripuna ont tué le septième, venu envahir leur territoire à la tête d'une milice de la compagnie. Pour un Suarez, on massacra trois cents Caripuna et l'affaire fut conclue.

Ces Indiens ne sont pas de bons travailleurs : ils sont paresseux, comme tous les autres. Aussi, les Suarez souffrent d'un problème de recrutement. Un de leurs amis, sur le rio Madre de Dios, a trouvé

On imaginerait volontiers le porteur de ces belles moustaches prenant les eaux à Vichy. Suarez avait la respectabilité discrète des véritables riches. A la mort de sa femme, il lui fit construire un monument en pleine forêt, sur les chutes grandioses du Madeira où avait commencé sa fortune, à Cachoeira Esperanza.

un remède original : il a rassemblé dans un harem, ouvert à ses hôtes, six cents Indiennes destinées à la reproduction. Encore faudra-t-il que leurs rejetons aient le temps de pousser !

Araña, un gentleman à la respectabilité douteuse

Beaucoup moins rustre que Suarez, Araña passe auprès des dames pour un homme civilisé, bien qu'olivâtre. On parle de sa bibliothèque, de sa résidence londonienne, de la nurse de ses enfants – une vraie –, de son goût pour la vie de famille. Mais on n'en sait guère plus. Araña est un homme discret. Il ne court pas les boîtes de nuit comme tel ou tel de ses frères. Et, chaque matin, on peut le voir pénétrer à la même heure dans les bureaux de la Compagnie péruvienne d'Amazonie – son œuvre –, où il reste enfermé tout le jour.

Fin stratège, prévoyant, il sait depuis toujours que le caoutchouc bolivien, grâce auquel il a commencé sa fortune, a le défaut d'être trop éloigné des zones de commercialisation. C'est pourquoi il a soutenu le projet de chemin de fer Madeira-Mamoré.

L a courbe des exportations de gomme de l'Amazone devient rapidement vertigineuse. Les prix à la consommation suivent ce train d'enfer : un poulet vaut 150 de nos francs actuels à Manáos en 1900, une botte de carottes 50 francs. Ce qui fait l'affaire des aviadors, nouveaux seigneurs de l'asphalte, qui font annuellement aux seringueiros l'avance des denrées qu'ils embarquent pour leur campagne, et qui commercialisent au retour leur caoutchouc.

" RED RUBBER " ONCE MORE :

« 30 000 vies : 4 000 tonnes. » C'est le titre choisi par l'*Illustrated London News* pour la double page de son édition du 20 juillet 1912, consacrée aux «révélations du Putumayo». Les photos ci-dessous sont retouchées car, en réalité, ces Indiens étaient nus. Les bourrelets de chair qui déforment leurs jambes sont dus aux cicatrices des coups de fouet en cuir de tapir, arme des *capataz*, les kapos, des camps de la Chorrera et d'El Encanto.

Et c'est aussi pourquoi, dès 1905, il a raflé sur le Putumayo, beaucoùp plus proche de Manáos, au cœur de la zone contestée entre Colombie et Pérou, trente mille kilomètres carrés de forêt riche en hévéas. C'était traditionnellement le domaine de tribus indiennes pacifiques, que l'on connaissait depuis le temps des conquistadors : les Bora, les Andoke, les Huitoto, les Ocaïna. Environ cinquante mille âmes au total.

Araña recrute une milice musclée aux Antilles : des Noirs de la Barbade, sujets de Sa Majesté britannique. Il a, du reste, eu la sage idée d'installer le siège social de sa compagnie à Londres et d'en ouvrir le capital aux financiers de la City. Cela

THE PUTUMAYO REVELATIONS.

Du camp d'El Encanto – «l'Enchantement» – à la devise de ceux d'Auschwitz et Buchenwald – *Arbeit macht frei* –, un même humour de tortionnaire a traversé le XXᵉ siècle. Araña, en ce sens, fut un précurseur.

donne de la respectabilité. Les intouchables miliciens sont équipés de Winchester et envoyés dans la nature, recruter les Indiens. Ils en rassemblent trente mille, que l'on parque dans les villages de la compagnie.

La compagnie péruvienne : un scandale si énorme qu'il entachera pour toujours l'histoire du caoutchouc

Mais bientôt, des bruits circulent, à Londres. Le traitement des travailleurs indigènes laisserait à désirer. L'honneur de la City étant touchée, l'opinion s'émeut. Une commission d'enquête est constituée. Cinq ans plus tard, elle publiera un rapport qui révèle que la forêt est un champ d'ossements humains. Il ne reste que huit mille survivants des cinquante mille Indiens de la région. Chaque tonne de caoutchouc a coûté sept vies humaines.

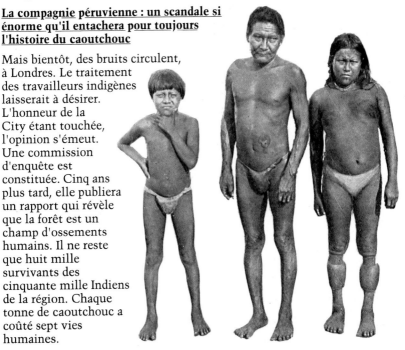

« Que le Roi mon Seigneur, la Princesse ma fille et le Prince mon fils ne permettent pas ou ne soient pas cause que les Indiens, habitants des îles et terre-ferme, subissent quelque dommage en leurs personnes ou leurs biens ; ils veilleront au contraire à ce que ces peuples soient traités avec justice et bonté. »

Testament d'Isabelle la Catholique

CHAPITRE 5

L'INDIEN ET LA FORÊT

❝ Nous, descendants du noble peuple qui habitait le grand continent occidental de façon soigneuse et en équilibre avec la nature, avons dû supporter le grand gaspillage de nos terres et de nos peuples. ❞

Indien Kalinga du Surinam

La culture indienne, à l'inverse de la nôtre, procède par composition avec la nature : les animaux sont des gens comme nous, disent les Indiens ; les arbres, les montagnes, ont une âme, ou plusieurs. L'Indien grapille, chaparde, tue aussi, lorsque c'est nécessaire, ce qui n'est pas contraire aux lois de la nature, mais il ne thésaurise jamais. L'écologie est présente et essentielle dans le tissu de sa vie.

Tout se fait discrètement entre l'Indien et la nature

La pirogue, aux lignes d'eau superbement taillées, glisse sans remous sur le fleuve, et l'Indien court plus qu'il ne marche par le lacis de ses pistes quasiment invisibles, sans faire le moindre bruit tant qu'il ne veut pas effrayer l'ennemi. Car là alors, à la guerre comme dans les grandes battues où il attaque à la lance plus souvent encore qu'à la flèche les manades de pécaris – pour n'en tuer, du reste, que la quantité nécessaire à ses besoins –, il donne de la voix tout aussi fortement que les meutes de chiens courants que l'on trouve chez certaines tribus. Le silence revient ensuite, très vite.

Plus communément, l'Indien chasse à l'arc ; il utilise des pointes de flèches interchangeables et d'une infinie variété, chacune étant adaptée à un usage. Les flèches de guerre sont faites d'une lame de bambou lancéolée durcie au feu et si bien affilée qu'elle tranche comme un rasoir ; les Indiens Yanomami s'en servent aussi pour se couper les

D ifficile d'introduire la connaissance objective dans cet univers où l'Homme lui-même nous échappe, tant sa démarche est différente de la nôtre.
Entre l'Indien et nous, le problème est culturel. Nous avons donné la primauté à une culture qui s'élabore par opposition à la nature ; nous pensons en termes de force, de combat : il faut vaincre la nature. L'avoir, chez nous, prime sur l'être.

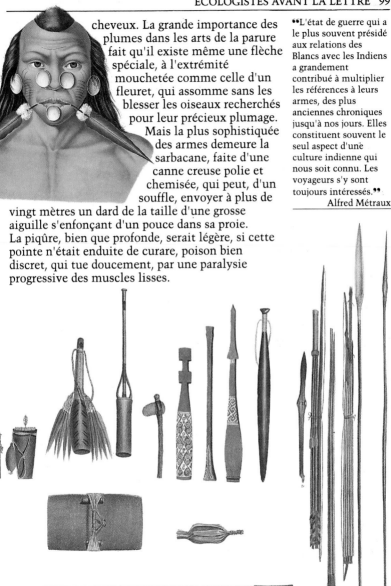

cheveux. La grande importance des plumes dans les arts de la parure fait qu'il existe même une flèche spéciale, à l'extrémité mouchetée comme celle d'un fleuret, qui assomme sans les blesser les oiseaux recherchés pour leur précieux plumage. Mais la plus sophistiquée des armes demeure la sarbacane, faite d'une canne creuse polie et chemisée, qui peut, d'un souffle, envoyer à plus de vingt mètres un dard de la taille d'une grosse aiguille s'enfonçant d'un pouce dans sa proie. La piqûre, bien que profonde, serait légère, si cette pointe n'était enduite de curare, poison bien discret, qui tue doucement, par une paralysie progressive des muscles lisses.

"L'état de guerre qui a le plus souvent présidé aux relations des Blancs avec les Indiens a grandement contribué à multiplier les références à leurs armes, des plus anciennes chroniques jusqu'à nos jours. Elles constituent souvent le seul aspect d'une culture indienne qui nous soit connu. Les voyageurs s'y sont toujours intéressés.**"**

Alfred Métraux

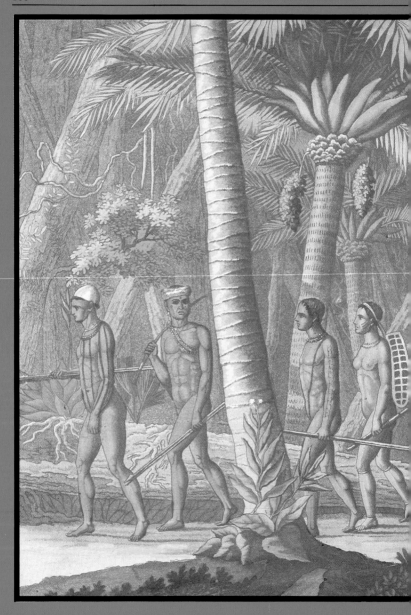

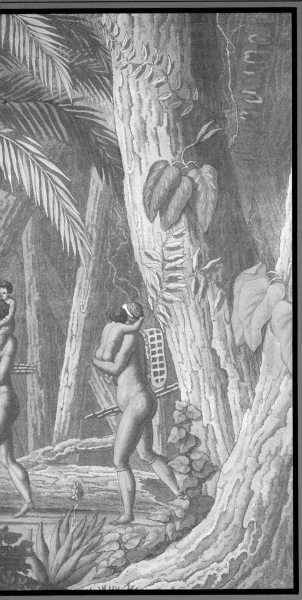

Apprendre à marcher

L'ethnologue Pierre Clastres *(Chroniques des Indiens Guarani)* demande aux Aché, ses hôtes, de l'accompagner en forêt : ils se montrent réticents. «En fait, ils craignaient surtout que je ne ralentisse leur marche. Ils acceptèrent finalement ma présence et je compris vite l'à-propos de leurs réticences.» Il s'agissait «d'aller droit au but, sans perdre de temps : ils marchaient très vite. je me trouvais en queue, ralenti, immobilisé parfois par les lianes qui me faisaient trébucher ou me ligotaient brusquement à un tronc. Les épines s'accrochaient aux vêtements qu'il fallait arracher à coups d'épaule désordonnés : non seulement je traînais, mais dans le fracas ! Les Aché, en revanche étaient silencieux, souples, efficaces. Je m'aperçus assez vite que mon handicap provenait en partie de mes vêtements ; sur la peau nue des Indiens, branches et lianes glissaient sans les blesser. Je résolus de faire de même, ôtai mes hardes».

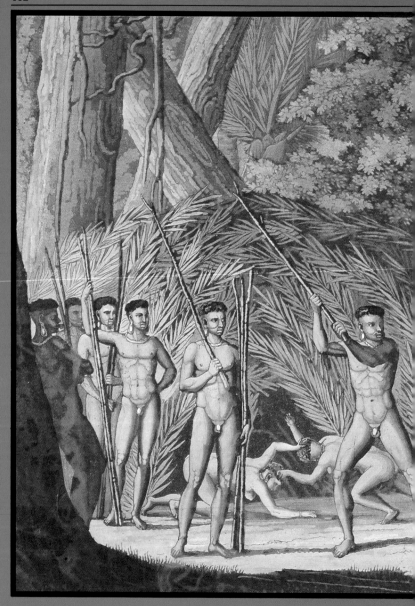

La guerre bactériologique

L'état brésilien d'Acre, aux frontières du Pérou et de la Bolivie, est traversé par deux importants tributaires de l'Amazone, les rios Juruá et Purus, qui présentent la rare particularité d'être navigables sur la totalité de leur cours. Ceci explique qu'ils aient été remontés jusqu'à leurs sources dès le début du XIXᵉ siècle. Les populations indiennes qui habitaient ce territoire recevaient pacifiquement les voyageurs. Tout changea avec le boom du caoutchouc, la région s'avérant d'une particulière richesse en hévéas. Là, commença l'empire de Suarez et le malheur des Indiens. Pour s'en débarrasser au meilleur compte, les seringueiros reprirent les techniques qu'avaient expérimentées avec succès Anglais et Français contre les Indiens du Canada dès le XVIIIᵉ siècle : la distribution de vêtements contaminés par des malades atteints de rougeole. Il ne reste aujourd'hui pratiquement aucun survivant de ces peuples.

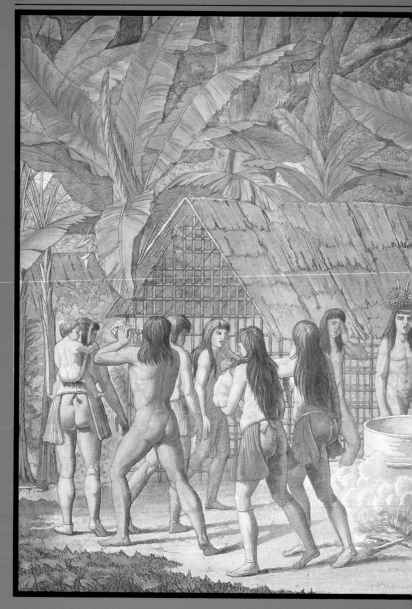

La danse

Chez les Indiens comme partout au monde, la danse est à la fois langage et célébration : célébration d'avant qu'ait été tranchée une différence entre profane et sacré ; langage en deçà de la parole : les danses nuptiales des oiseaux le montrent ; langage au-delà de la parole, car là où les mots ne suffisent plus, on danse. Noblement ici, frénétiquement là, la danse exprime l'instinct de vie lorsqu'il rejette toute dualité, corps et âme, visible et invisible, pour ressouder l'être en lui-même, hors du temps, dans l'extase. Les danses indiennes sont innombrables, souvent cérémonieuses mais folles aussi parfois. Elles ponctuent toutes les étapes de la vie, des plus fondamentales aux plus modestes : naissance, puberté, mort, guerre, alliance, construction d'une maison, ouverture d'un jardin.

Ce qui paraît le plus surprenant, peut-être, est la longueur de ces armes que les Indiens manient avec une telle agilité au sein de la forêt la plus épaisse : les arcs et les flèches ont souvent deux mètres, les lances trois, les sarbacanes près de quatre.

Une invention amazonienne : le barbecue

En saison sèche, lorsque les rivières sont au plus bas, les Indiens installent des barrages de roseaux tressés, en amont desquels ils écrasent dans l'eau des bottes d'herbes au pouvoir soporifique. Les poissons s'endorment et le courant les entraîne, ventre en l'air, jusqu'au barrage, où il ne reste qu'à les ramasser, par pleins paniers. C'est la pêche au barbasco, du nom de la plante employée. Elle est à l'origine de l'invention de longues claies de bois vert, installées au-dessus de brasiers, sur lesquelles les Indiens font griller et fumer les provisions de poissons constituées à cette occasion, pour les mauvais jours de la saison des pluies où le gibier devient rare. Pécaris et tapirs capturés lors des battues sont dépecés et préparés de la même façon. Cet appareil se nommait *barbacoa* chez les Indiens d'Haïti auxquels les Espagnols l'empruntèrent ; c'est notre barbecue, beaucoup plus américain donc qu'on ne l'imagine, et ce fut le boucan des boucaniers.

La présence du chamane est le plus sûr garant de la cohésion, et donc de la survie d'une collectivité indienne face aux diverses formes d'agression ethnocidaire dont le monde moderne la menace ; les missionnaires, après les ethnologues, ont dû en convenir. A la fois devin, prêtre et médecin, le chamane veille aussi bien sur la santé des individus que sur le bien-fondé de toute décision touchant l'ensemble du groupe.

Le monde de l'Indien est magique. Partout, le surnaturel est présent, jusque dans l'apparence des choses

«L'Indien amazonien est porté à sentir la présence d'êtres surnaturels dans tout spectacle de la nature qui le frappe par son étrangeté ou sa majesté. Les cascades, certains remous de la rivière, des roches aux formes bizarres sont autant de sites habités par des génies dont il faut se méfier et apaiser l'humeur hargneuse», explique Alfred Métraux.

Il faut donc débusquer le surnaturel en sachant passer du visible à l'invisible. C'est ce que fait le chamane, conducteur des âmes, qui peut quitter son propre corps pour aller rechercher les esprits égarés par des malades. Il assiste aussi tout son peuple lors des passages difficiles de l'existence : la naissance, la mort, la puberté, qui imposent chez certaines nations des rites initiatiques dangereux. Tout cela, sous la direction du chamane, entraîne de copieuses libations, et le soutien du tabac et de drogues hallucinogènes ou psychédéliques. Le chamane est le maître des drogues, pour la connaissance desquelles il a subi un très long et périlleux

Extases, transes, «voyages» ne sont pas réservés au chamane. La drogue se partage aussi, de façon conviviale, entre tous, ainsi qu'en témoigne l'usage des Ouïtoto et des Yanomami qui se l'insufflent réciproquement dans les narines. Elle fait alors partie d'un échange de biens, conforme au code moral de la tribu, et montre son pouvoir ludique par lequel elle contribue au maintien de la «santé» psychique du groupe, assiégé d'autre part par tant de forces malignes. C'est ici que les drogues psychédéliques complètent les hallucinogènes : l'approche du surnaturel n'oblige pas toujours au mode tragique.

apprentissage ; il sait donc conduire la communauté
vers une extase collective et veiller à la bonne
observation des rites qui permettront de revenir
sans danger sur terre. Certaines drogues se fument,
d'autres se prennent en décoctions, en inhalations,
voire en clystères. Chez les Yanomami, l'épéna, qui
affûte les sens, fait partie des usages quotidiens du
chasseur. Ailleurs, le yopo que prisent les Piaroa et
la plupart des nations de la zone est aussi réputé
que leur curare et, comme ce dernier, objet
d'échanges.

L'homme, l'oiseau, la plume : couleur et richesse des parures

Ludiques et rêveurs, coquets, tous les Indiens
aiment briller en société. Les hommes, plus encore
que les femmes, s'appliquent à habiller leurs corps
nus de savants dessins, faits de la pâte rouge des
graines du roucou, parfois rehaussée de noir de
carbone et de bleu végétal. Le visage est orné de
dessins utilisant le noir, le rouge et le blanc,
quelquefois vernis, plus complexes et précieux chez
les femmes. Ces costumes de couleur s'agrémentent
de parures multiples : bâtons d'oreille terminés de
longs pinceaux faits de la gorge du toucan, grands

" La nudité des habitants semble protégée par le velours herbu des parois et la frange des palmes : ils se glissent hors de leur demeure comme ils se dévêtiraient de géants peignoirs d'autruche. Joyaux de ces écrins duveteux, les corps possèdent des modelés affinés et des tonalités rehaussées par l'éclat des fards et des peintures, supports – dirait-on – destinés à mettre en valeur des ornements plus splendides : touches grasses et brillantes des dents et crocs d'animaux sauvages associés aux plumes et aux fleurs. Comme si une civilisation entière conspirait dans une même tendresse passionnée pour les formes, les couleurs et les substances de la vie. **"**

Claude Lévy-Strauss,
Tristes Tropiques

colliers de dents, qui témoignent de l'habileté du chasseur, sautoirs de graines, ligatures de cheveux tressés, faisant ressortir les musculatures des bras et des jambes, labrets, pectoraux, pendentifs... Jupes de palme, couronnes et grands diadèmes de plumes sont réservés aux fêtes rituelles, où sortent les masques et les instruments de musique sacrée dont la vue est interdite aux femmes, car la voix de ces instruments est celle des grands ancêtres. C'est dans ces occasions que les hommes, en processions solennelles, exhibent les massues-épées dont l'usage n'est plus aujourd'hui que cérémonial, mais qui servaient autrefois à l'exécution des prisonniers chez les peuples tels que les Tupi ou les Carib au cours de rites anthropophagiques.

L'inauguration d'une maison collective est l'occasion d'une grande fête, où l'ivresse sacrée peut durer plusieurs jours

La maison est un symbole fondamental. Grande au point de pouvoir abriter une centaine de personnes, elle forme une sorte de place de village, couverte le plus souvent, autour de laquelle les foyers sont répartis en couronne. Elle matérialise la cellule de base de la société indienne, qui n'est pas le couple, encore moins l'individu, mais la communauté parentale qu'elle abrite. Chacun, sous son toit, est, selon son âge, enfant ou parent de tous les autres, bien que les couples et leur progéniture propre soient reconnus et respectés. Plusieurs lignages peuvent toutefois cohabiter sous le même toit. La grande maison est de plus une représentation symbolique du cosmos et de la cosmogenèse. Elle est le livre, que chacun doit apprendre à connaître.

Les Tukuna du Solimoes, importante nation indienne établie au carrefour du Brésil, de la Colombie et du Pérou, ont réussi à maintenir depuis deux cents ans des relations de bon voisinage avec les Blancs, sans que soit portée atteinte à leur intégrité socio-culturelle. La presse internationale a pourtant dû se faire l'écho voici quelques mois des agressions meurtrières dont ils viennent d'être victimes au Brésil.

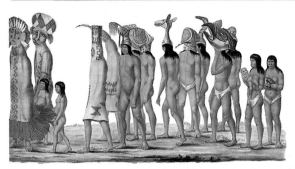

On a déjà signalé des similitudes entre la forme de l'habitation et la représentation que les Yanomami se font de l'univers. La place centrale, c'est le ciel en sa partie culminante ; les poteaux de soutènement servent aux chamanes dans leurs ascensions vers le monde supérieur, ce sont les intermédiaires entre un niveau et l'autre ; de fait, le monde supérieur est conçu comme une structure convexe, son centre est un plateau circulaire, ses bords descendent peu à peu jusqu'à l'horizon pour toucher le monde terrestre : tout comme le toit de l'auvent s'abaisse progressivement jusqu'au sol. **
Jacques Lizot

Le verger, qui circonscrit le village en bordure de forêt, est planté de manioc – qui fournit le pain et le vin des Indiens –, de bananiers, parfois de quelques pieds de canne à sucre, d'ananas, de papayes. Au bout de quelques années, lorsque les pluies ont détérioré le toit de la maison et drainé la mince couche de terre fertile du verger, il faut laisser celui-ci en jachère et déménager vers un nouvel emplacement, où l'on devra de nouveau défricher et construire, ce qui sera l'occasion de nouvelles fêtes.

Au plus épais de la forêt, à l'écart des fleuves, car ils craignent l'eau comme la lumière, les Yanomami déambulent au petit trot

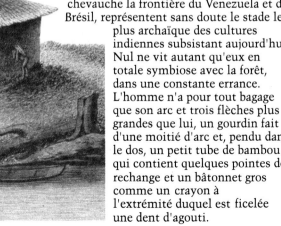

Les Yanomami, dont le territoire chevauche la frontière du Venezuela et du Brésil, représentent sans doute le stade le plus archaïque des cultures indiennes subsistant aujourd'hui. Nul ne vit autant qu'eux en totale symbiose avec la forêt, dans une constante errance. L'homme n'a pour tout bagage que son arc et trois flèches plus grandes que lui, un gourdin fait d'une moitié d'arc et, pendu dans le dos, un petit tube de bambou qui contient quelques pointes de rechange et un bâtonnet gros comme un crayon à l'extrémité duquel est ficelée une dent d'agouti.

" Esprit Ocelot, descends en moi! Hekura, vous ne m'avez pas aidé! Des nuits entières, j'ai remâché ma vengeance. J'ai vu l'Esprit vautour et l'Esprit lune. Esprit lune fut atteint par la flèche de Suhirina lorsqu'il émergea dans l'habitation, avide de chair humaine; et de sa blessure, de son sang répandu, naquit une multitude de vautours carnassiers. Esprit lune, Esprit vautour, vous êtes des cannibales. Vautour, ta tête est souillée de sang, tes narines grouillent de vers. Les libellules s'assemblent dans le ciel. Omawë perfora la terre de son arc, du trou qu'il fit, s'élança une trombe d'eau qui atteignit le ciel et forma nappe. C'est là-haut que les libellules se multiplient, c'est là-haut que vivent les assoiffés. Qu'ils descendent en moi! Omawë a brûlé ma langue! Qu'ils mouillent ma langue et la rafraîchissent! Ceux qui ont commandé aux démons de s'emparer de nos enfants recevront ma vengeance, où qu'ils se trouvent!"

Imprécation d'un chamane Yanomami sur la mort d'un enfant, recueillie par Jacques Lizot

Le Yanomami est fondamentalement un guerrier. Il vit de petite chasse et de cueillette : il grappille, larcine, vole les ruches des abeilles, attrape à la main le tatou dans son terrier. Sa nourriture, à peine élaborée, est plus souvent crue que cuite, à l'exception de la viande. Il dort recroquevillé dans un petit hamac fait de bandes d'écorce. Culturellement, tant qu'il était isolé, il vivait dans un univers hanté, d'une surabondante richesse. L'expédition Orénoque-Amazone, en 1948-1950, marqua le début de sa relation avec le monde occidental. La découverte collective qui a suivi puis l'arrivée des garimpeiros sur son territoire n'a pas apporté que des bons changements...

L'une des dernières grandes tribus forestières de l'Amérique du Sud a dû lutter pour sa survie

L'exceptionnelle importance numérique des Yanomami serait-elle due au fait que ce peuple soit longtemps demeuré hors de tout contact avec les Blancs? Tout semble le démontrer dans ce mélange contradictoire de précarité et de santé qui les caractérise. La preuve est faite en tout cas que le peuple Yanomami était encore en expansion dans les années 1950.

Grand comme la moitié de la France – 220 000 km² – le territoire des Yanomami constituait hier encore le sanctuaire inviolé de l'Amazonie. Dans la première moitié du XIXe siècle, les tribus installées sur les terres basses de la Sierra Parima se sont réfugiées dans les hautes terres, à la suite de la pénétration coloniale dans la région du Haut-Orénoque. Elles y sont restées longtemps isolées. L'expédition Orénoque-Amazone établit en 1949-1950 les premiers contacts pacifiques avec des groupes Yanomami des terres hautes. Les Yanomami des terres basses demeurent aujourd'hui les plus connus et les plus étudiés.

En mai 1988, l'organisation Survival International lance un cri d'alarme : «Les Indiens Yanomami font face aujourd'hui à la plus sérieuse menace à leur survie qui se soit jamais posée. Depuis quatre mois, 20 000 chercheurs d'or ont envahi leur terres.» Le bilan sera terrible : entre 1987 et 1990 plus de 1200 Yanomami vont mourir des suites des épidémies de grippe, d'oreillons, de rougeole et de maladies sexuellement transmissibles apportées par les *garimpeiros* (ci-contre, garimpeiros au travail sur le versant amazonien de la Sierra Parima, au cœur du territoire yanomami).

La carte de l'Amazonie (double page suivante) rend compte de l'immensité du plus important réseau hydrographique du monde : l'Amazone se déploie sur près de 7000 km. La forêt et les zones défrichées sont indiquées pour le Brésil seulement, faute de données pour les autres pays (Guyane française, Surinam, Guyana, Venezuela, Colombie, Equateur, Pérou, Bolivie). Comme les Kayapó ou les Baú depuis 1961, les Yanomami, à l'instar d'un nombre grandissant d'ethnies, bénéficient depuis 1992 de l'usage exclusif d'une réserve de 96 000 km² et de ses ressources naturelles.

A la périphérie de leur territoire, au Venezuela, les Yanomami ont développé leur culture matérielle, sans que ce soit par emprunt au monde des Blancs. S'ils ont là des pirogues, des hamacs de coton tressé et des petites plantations de bananes et de manioc, c'est sans doute sous l'influence des Yekuana, tribu de cultivateurs sédentaires. Les deux peuples, las de se faire la guerre ou de s'ignorer, en sont venus aux alliances; le Yanomami prend femme Yekuana, et se fait aux usages de ses beaux-frères : c'est vieux comme le monde!

La mutation qui s'est amorcée là, il y a une cinquantaine d'années, dans ce monde jusqu'alors clos,

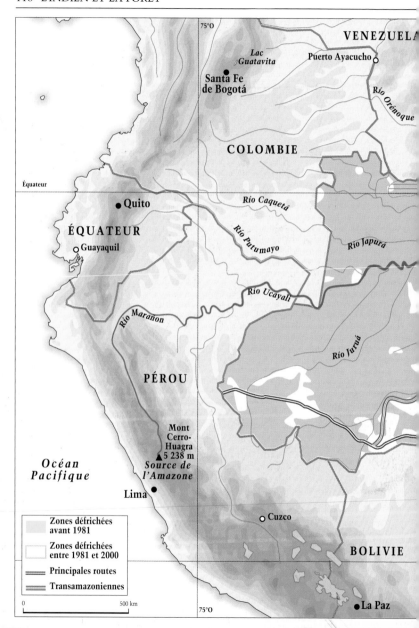

75°O

VENEZUELA

Lac
Guatavita

Puerto Ayacucho

Santa Fe
de Bogotá

Río Orénoque

COLOMBIE

Équateur

Quito

Río Caquetá

ÉQUATEUR

Río Putumayo

Río Japurá

Guayaquil

Río Ucayali

Río Marañon

Río Juruá

PÉROU

Mont
Cerro-
Huagra
5 238 m
Source de
l'Amazone

Océan
Pacifique

Lima

Cuzco

Zones défrichées
avant 1981

BOLIVIE

Zones défrichées
entre 1981 et 2000

Principales routes

Transamazoniennes

0   500 km

75°O

La Paz

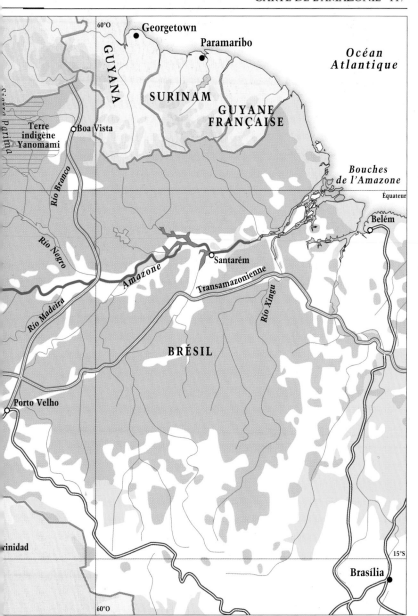

aurait pu poursuivre harmonieusement son cours, si n'avaient surgi les Blancs, chercheurs d'or et de diamant, qui n'ont jamais eu cure de cette histoire.

Après les chercheurs d'or et de diamant, les bûcherons, les colons, sont venus des prospecteurs en tout genre, des ingénieurs, des techniciens, des anthropologues et, parmi les plus redoutables, souvent, pour les Indiens, les agents du développement. Appuyés sur les formidables supports logistiques que permettent les techniques modernes, ces nouveaux envahisseurs ont étendu leurs actions sur l'ensemble de la cuvette amazonienne, du centre à la périphérie. La prospection minière, sans négliger les pierres et métaux rares, plus abondants que jamais, a trouvé toutes sortes de nouveaux gisements (fer, houille, pétrole, bauxite, uranium, cuivre, plomb, etc.) qui font appel aux plus grandes entreprises.

Les ravages de la déforestation

La forêt, à l'instar de ses habitants, se trouve donc menacée, et par ces industries extractives, et par l'exploitation intensive de ses sols trop pauvres – que sucent des colons modernes, petits ou grands, tels les licites planteurs d'oléagineux ou les illicites planteurs de coca –, et par ses plus traditionnels exploitants, les coupeurs de bois. Partout où elle est atteinte survient, après les pluies, la latérisation ou désertification des sols. Selon l'organisation non gouvernementale WWF la déforestation de l'Amazonie s'intensifie et augmente chaque année de 25 % : depuis le début du troisième millénaire plus de 2,5 millions d'hectares de forêts sont détruits tous les ans. Sur les 6 millions de km^2 de la forêt d'origine, il reste aujourd'hui environ 4 millions de km^2.

La menace que constitue cette exploitation sauvage de la forêt amazonienne concerne l'humanité tout entière. Ce n'est pas toujours la grande entreprise, lorsqu'elle est conduite rationnellement, qui est responsable de la terrifiante déforestation en cours sur toute l'étendue du bassin amazonien, mais plutôt l'exploitation traditionnelle des paysans, fazendeiros latifondiaires ou pauvres *caboclos* chassés par la faim

L e peuple Yanomami est l'un des rares en Amazonie à compter plusieurs dizaines de milliers d'individus (26 000), comme les Guarani (80 000) ou les Tikuna (40 000). Sur les 220 ethnies installées dans l'Amazonie brésilienne, la plupart comptent en effet quelques centaines ou quelques milliers d'individus. Les Torá (50) et les Yekuana (5 000) voisins des Yanomami sont représentatifs de cette tendance générale.

La déforestation constitue un péril majeur pour le mode de vie traditionnel des Indiens qui vivent dans la forêt, quelle que soit la taille de leur population. Outre la disparition de leur habitat naturel, la pratique d'une agriculture intensive sur les terres défrichées entraîne l'épuisement des sols.

Le contrôle de la déforestation en Amazonie reste très insuffisant. Née en 1995, l'Organisation du traité de coopération amazonien entre les pays amazoniens (Brésil, Bolivie, Colombie, Equateur, Guyana, Pérou, Suriname et Venezuela) n'a lancé qu'en 2004 un plan d'action sur huit ans contre la déforestation illégale. Depuis 1996, un code forestier existe au Brésil : chaque propriétaire d'une concession ne doit en prélever que 20% des essences. Mais ce code n'est pas respecté, et le défrichement illégal représente la majorité des coupes effectuées (ci-dessus, zone de défrichage au Brésil).

qui, en forêt comme sur les très importants gisements d'or et de diamant découverts dans les années 1980 et 1990, ne se soucient pas plus de tuer l'Indien que les arbres, car ils tueraient aussi bien père et mère coupables de les avoir faits naître dans de telles conditions.

Peu dangereuses quand elles sont pratiquées de loin en loin sur de très petites enclaves de forêt dont les souches ne sont pas arrachées, comme c'est le cas chez les Indiens, les cultures sur brûlis deviennent un rapide agent de désertification lorsqu'il s'agit de raser au bulldozer les immenses terrains où les riches fazendeiros, propriétaires de centaines de milliers quand ce n'est pas de millions d'hectares, font paître leurs troupeaux sans se soucier de ce monstrueux gâchis. L'impuissance des autorités débordées d'un côté par l'immensité des terrains vierges, de l'autre part par les structures encore féodales de la population qu'elles devraient encadrer, fait en définitive tout ce drame. Le «gâteau» amazonien est trop grand, la mariée trop belle...

La pollution des terres et des eaux

Le même problème écologique touche le réseau hydrographique du bassin amazonien, dont on sait qu'il constitue à la fois un irremplaçable système de communications et le régulateur, par association à la forêt, des besoins des communautés indigènes en protéines animales, la pêche équilibrant la chasse. Plus haut, sur les torrents de montagne, c'est le mercure utilisé par les chercheurs d'or qui dépeuple radicalement des centaines de kilomètres de rivière, dans des régions où le gibier est rare et le sol si pauvre qu'une racine de manioc n'y pèse pas le quart de ce qu'elle donne en terre basse. Ainsi, la sous-alimentation s'ajoute aux autres fléaux qui dépeuplent les villages. Enfin, plus d'un barrage, installé sans se soucier des conséquences – négligeables en regard de la production d'énergie, diront certains –, a inondé des réserves où survivaient plusieurs milliers d'Indiens.

L'Indien, matière première livrée à l'exploitation cannibale des tour operateurs

Quand enfin une zone de forêt est écartée et apparemment vide de richesses exploitables, c'est

Mis en œuvre en 1980 dans la Sierra de Carajas (Amazonie orientale), le programme brésilien de production d'acier du *Gran Carajas*, à partir d'un gisement de fer géant exploité à ciel ouvert depuis 1967, concernait un territoire grand comme la France et l'Angleterre, habité par plus de 13 000 Indiens. Le «progrès» les a touchés de plein fouet : épidémies, pollution, déforestation de leur territoire, inondations, désintégration de leur société. L'énergie du *Gran Carajas* est fournie par des barrages, dont celui de Tucuruí sur le río Tocantins (ci-dessus). Durant sa construction, les Indiens Parakaña, dont les terres avaient été inondées, durent se déplacer onze fois.

l'Indien lui-même qui devient, surtout s'il a des plumes sur la tête, la victime des tour operateurs qui lui enseignent la déchéance en l'invitant à se singer lui-même. Ainsi se trouve entraînée vers sa disparition une humanité proprement américaine qui avait eu le grand mérite de négocier avec son environnement un équilibre si harmonieux que plus d'un observateur dut en conclure que, tout anthropophages qu'ils furent parfois, ils étaient eux les sages et nous les sauvages.

Utopie, diront certains. Alors soit, parlons le langage du réalisme. Plus d'un haut responsable, au Brésil, déclare sans ambages que, humanisme ou pas, jamais l'Indien ne sera un obstacle au développement. Car le Brésil compte aujourd'hui 180 millions d'habitants alors qu'ils n'étaient que 10 millions en 1872. Dans ces conditions, les 350 000 Indiens du Brésil (sans compter les groupes encore sans contacts avec le monde extérieur) ne pèsent pas lourd face à ces perspectives. Ils n'étaient certes plus que 100 000 en 1950, mais ce récent renouveau démographique, dû en grande partie à la politique de restitution des terres indigènes, ne doit pas masquer leurs difficultés : les Indiens du Brésil comptent aujourd'hui 220 ethnies différentes dont une disparaît en moyenne tous les deux ans, malgré tous les efforts entrepris.

Les Indiens du río Xingu (Brésil) avaient obtenu en 1989 l'arrêt du projet de barrage hydroélectrique de Karararaô, près d'Altamira, menaçant leur forêt. Ce projet a pourtant été relancé en 2003, encouragé par les autorités brésiliennes. L'existence du célèbre parc national du Xingu semble hélas menacée. Ces barrages géants et la pollution accélérée des grands fleuves ont fait disparaître sur une grande partie de l'Amazone l'inoffensif et monstrueux pirarucu (*Arapaima gigas*), ancienne prébende de ces lieux (lithographie ci-dessous).

Quand les Indiens parlent des Indiens

La menace a cependant été entendue. Et même s'il leur aura fallu attendre la fin du XXe siècle, des nations indiennes ont compris qu'elles devaient développer une stratégie de défense fondée non plus exclusivement sur les arcs et les flèches – encore qu'ils puissent constituer un recours non négligeable – mais sur l'ouverture du dialogue avec les

Blancs, recourant aux langues et aux lois de ces derniers. Tels sont, dans leur majorité, les Indiens des terres tempérées de la cordillère des Andes, habitués de longue date au voisinage des Blancs, de même que plusieurs importants groupes ethniques du sud de l'Amazonie brésilienne.

Les diverses associations qu'ils ont fondées dans la plupart des pays d'Amérique latine, s'armant des droits qui leur sont constitutionnellement reconnus, ont pour vocation de défendre leur patrimoine matériel et spirituel, avec l'aide de tous ceux de l'autre camp qu'ils peuvent accepter comme alliés ou protecteurs. Telle fut l'innovation la plus importante de la fin du XXᵉ siècle.

D'un monde à l'autre : engager le dialogue ?

Dans les années 1900, les Indiens ne bénéficiaient encore d'aucun droit constitutionnel en aucune des républiques riveraines de l'Amazone. Il fallut le scandale du caoutchouc pour que soit créé, en 1910, au Brésil, un organisme officiel, premier du genre, pour protéger les Indiens contre la famine et la misère, l'exploitation des Blancs et les maladies que ceux-ci leur apportaient : ce fut le SPI, ou Service de protection des Indiens. Le célèbre colonel Rondon qui en fut l'instigateur et le conducteur était si populaire qu'il fut élevé à la dignité de maréchal du Brésil quelques années avant sa mort, en 1956; il était alors

Le maréchal Rondon (ci-contre, au centre), entré vivant dans la légende comme pacificateur et grand défenseur des Indiens, avait débuté dans la carrière militaire à seize ans comme simple soldat. Disciple convaincu d'Auguste Comte, ce fut au nom de l'idéal positiviste, symbolisé par le drapeau brésilien, qu'il fonda en 1910 le Service de protection des Indiens, premier organisme du genre sur les deux Amériques. En 1972, quatorze ans après sa mort, le journal officiel brésilien commentait en ces termes la disparition du SPI : «Né à la lumière de l'humanisme de Rondon, il a complètement failli à sa mission (...). Les crimes pratiqués contre la personne de l'Indien et son patrimoine peuvent être rangés dans une gamme étendue de manquements aux droits administratif, civil et pénal, allant de sévices à la dévastation de forêts et à la spoliation de terres.»

âgé de quatre-vingt-dix ans. Le mot d'ordre qu'il léguait à ses agents, «Mourez s'il le faut, mais ne tuez jamais», disparut avec lui, tandis que le SPI, qui, en toute innocence, relevait du ministère de l'Agriculture, s'enfonçait dans des scandales en chaîne dont il ne devait pas se relever. Un décret-loi de 1972 le remplaça par l'actuelle FUNAI ou Fondation Nationale de l'Indien qui, c'est un progrès, dépend du ministère de l'Intérieur.

L'exemple brésilien a été suivi par la plupart des pays amazoniens, dans lesquels un organisme, rattaché également à l'Intérieur, est chargé des affaires indiennes, selon des modalités législatives évidemment variables. Pour certains, l'Indien est purement et simplement considéré comme un ressortissant jouissant des mêmes droits et devoirs que ses concitoyens. Pour d'autres, et c'est le cas du Brésil qui rassemble

Theodore Roosevelt fit, en compagnie de Rondon, une expédition scientifique en Amazonie de 1913 à 1914. Il disait de lui : «C'est un vrai gentleman, un intrépide explorateur.»

à lui tout seul la moitié de la population indienne d'Amazonie, l'Indien est considéré comme un mineur dont les droits doivent être traités par la FUNAI, son organisme de tutelle. Au Venezuela pourtant, la nouvelle Constitution de 1999 a donné pour la première fois une représentation politique aux Indiens.

Un grand pas en avant à condition qu'en toute son Amazonie le Brésil sache imposer la loi brésilienne

La constitution brésilienne de 1988 a cependant reconnu, et le fait est considérable, les droits des Indiens sur les terres occupées traditionnellement, leur réservant l'usufruit exclusif des richesses de leur sous-sol, comme l'indique l'article 266, consacré aux Indiens. Même si c'est au Congrès qu'il revient toujours d'interdire ou d'autoriser aux entreprises concernées l'exploitation du sous-sol. Ainsi, en 1998, 126 terres indigènes (soit la plus grande partie) faisaient l'objet de demandes de concession de recherches et d'exploitation minière.

Sur pratiquement toute l'Amazonie donc, les organisateurs d'associations indigènes savent désormais que les droits fondamentaux de leurs nations sont unanimement reconnus, dans le principe : droits à leur terre, à leur langue, à leur culture. Il leur échoit, en tant que représentants des intérêts de leurs peuples, de lutter pour que dans le trajet souvent long qui sépare les lois de leur application concrète, ces beaux principes ne s'évaporent pas dans l'air tropical.

L'Indien de la forêt est-il condamné à disparaître?

Des associations de défense et d'entraide se sont mises en place en Amazonie, à tous les niveaux de la société indienne. Ces Indiens, capables, ils l'ont

Créés en 1996, les Jeux des peuples indigènes sont un événement sportif autant qu'un festival culturel. Ils accordent une large place aux cérémonies traditionnelles. 1200 Indiens de 47 ethnies ont participé aux jeux 2003 à Palmas, capitale de l'Etat brésilien du Tocantin, au cœur de l'Amazonie. 12 disciplines au programme : sarbacane, tir à la corde de guerre, natation, canot, athlétisme, *rokra* (sport proche du hockey), lancer de javelot, tir à l'arc (ci-dessus), lutte, *xikunahity* (football de tête). Soutenus par la FUNAI, ces jeux visent une consolidation de l'identité indienne.

prouvé, de s'asseoir à une table de négociation avec les Blancs, revendiquent tout autant le droit à leur culture que le droit à leur langue et à leur terre, ce qui suffit à prouver que, n'en déplaise aux esprits chagrins, l'intégration au monde moderne n'entraîne pas obligatoirement l'acculturation, toujours destructrice de la personne humaine. Car la culture indienne soude l'appartenance de l'individu au groupe, qui est la condition de son existence. Tant que cette exigence est maintenue, il ne risque rien.

Aussi à la question «L'Indien est-il en voie de disparition?» peut-on répondre «non» avec quelque

Le porte-parole du chef des Kayapo, Raoni fait partie de ces chefs de tribu qui ont choisi le dialogue avec la «civilisation» et la médiatisation pour défendre leurs droits. Il est connu pour son association avec le chanteur Sting dans l'ONG Rainforest international.

certitude en ce qui concerne les peuples ici représentés et dont certains sont cependant demeurés gens de la forêt, n'ayant qu'un contact épisodique avec notre temps. Sur les 900 000 à 1 000 000 âmes que représentent les Indiens et assimilés d'Amazonie, une bonne moitié est dans cette situation. Et les autres? L'exemple extrême est celui des Yanomami. Leur population, estimée à

environ 26 000 personnes, en a longtemps fait la plus importante ethnie intouchée.

Quel avenir pour les Indiens de la forêt?

Découvrant d'abord que les Yanomami vivaient sur un territoire riche en ressources minières, en or et en diamant, les garimpeiros sont venus, la pioche dans une main, la Winchester dans l'autre. Il y aurait longtemps eu deux garimpeiros pour un Yanomami sur le territoire brésilien. Leur déclin a ainsi commencé inexorablement. Essentiellement parce qu'ils sont seuls – l'unique ethnie avec laquelle ils acceptent une alliance, les Yekuana, vivant loin de là.

Une campagne internationale de grande envergure, menée notamment par l'ONG Survival International durant plus de vingt ans en collaboration avec la Commission Pro-Yanomami (CCPY), a abouti en 1992 à la reconnaissance officielle de leur territoire au Brésil. Le président Fernando Collor (1989-1992) a finalement signé un décret d'homologation des terres Yanomami tel que le prévoit et le garantit la Constitution de 1988 en dépit des résistances des ministres militaires et des politiciens amazoniens. Si Cette reconnaissance a été pour les Yanomami et leurs

Commencées au début des années 1970 à grand renfort de bulldozers, de caterpillars et de mines, les Transamazoniennes devaient percer d'une part, d'est en ouest une gigantesque voie de 5 500 km reliant l'Atlantique à la Cordillère des Andes; puis, d'autre part, ouvrir une route du sud au nord, jusqu'au Venezuela. Elles devaient permettre l'exploitation des minerais et de l'agriculture, et aider la population rurale. La réalité fut tout autre. Les routes creusées dans les chantiers ouverts ont contribué à la déforestation, amenant de graves perturbations socioculturelles pour les Indiens de la forêt.

Le gouvernement brésilien a fait siéger en 2004 une délégation d'Amérindiens à la chambre des députés de Brasilia le 19 avril, «jour de l'Indien» au Brésil (ci-contre) pendant la semaine des peuples indigènes. Il a inscrit à l'ordre du jour leur revendication principale : l'accélération de la démarcation des terres indiennes prévue par l'article 266 de la Constitution du Brésil de 1988 : «L'organisation sociale, les coutumes, langues, croyances et traditions des Indiens sont reconnues, de même que leurs droits naturels, sur les terres qu'ils occupent traditionnellement. L'utilisation des ressources hydrauliques, la prospection et l'exploitation des ressources minières sur les terres indigènes ne peuvent être entreprises qu'avec l'autorisation du Congrès national, après consultation des communautés intéressées. Les terres traditionnellement occupées par les Indiens sont inaliénables, et les droits y afférant sont imprescriptibles.» Sur les 948 000 km² que représentent en 2005 les territoires indigènes au Brésil, la FUNAI a recensé 554 réserves indigènes dont seulement 223 sont officiellement démarquées, homologuées et enregistrées.

sympathisants une victoire politique et juridique décisive, elle ne met pourtant pas aujourd'hui totalement ce territoire à l'abri de nouvelles menaces d'invasion (colonisation, orpaillage, extraction minière industrielle) aux conséquences écologiques et sanitaires habituellement désastreuses.

Je crains fort que tous les ethnologues et chercheurs spécialistes de l'Amazonie n'en soient réduits à déclarer, à l'instar de Darcy Ribeiro dans son discours de réception comme docteur *honoris causa* de l'Université de Paris en 1979 : «En tant qu'anthropologue, j'ai échoué dans le but que je m'étais fixé : sauver les Indiens du Brésil. Oui, tout simplement les sauver. C'est ce que je tente depuis trente ans. J'ai échoué. Je voulais les sauver des atrocités qui ont amené l'extermination de tant de peuples indiens : plus de quatre-vingts sur un total de deux cent trente rien qu'au cours de ce siècle… Les sauver de l'amertume et du découragement semés dans leurs villages par les missionnaires, par les protecteurs officiels, par les scientifiques et, surtout, par les propriétaires terriens, qui, de mille façons, les privent de leur droit le plus élémentaire : celui d'être et de rester ce qu'ils sont.»

TÉMOIGNAGES
ET DOCUMENTS

130
Le fleuve d'Orellana

134
Aventure et exploration

140
Le télégraphe positiviste de Cãndido Rondon

142
Images d'une Amazonie littéraire

148
Le rêve

152
Le bestiaire fabuleux

156
À la rencontre des Yanomami

162
L'esprit de la forêt

168
Chronologie

169
Bibliographie

170
**Table des illustrations,
index, crédits photographiques**

Le fleuve d'Orellana

Le 7 juin 1543, Francisco de Orellana comparaît devant le tribunal des Indes pour justifier sa conduite à l'égard de Gonzalo Pizarro. On ne tient pas compte à Séville de sa « trahison », et il est nommé gouverneur des territoires d'Amazonie. Mais le rêve jamais ne deviendra réalité.

Accords relatifs à la découverte et au peuplement de la Nouvelle Andalousie

Le prince : Étant donné que vous, capitaine Francisco de Orellana, dans le désir que vous avez de servir l'empereur et roi, mon seigneur, que son royaume soit accru et que les gens peuplant lesdits fleuve et terre soient informés de notre

F. Bellin...

4.

foi catholique, vous voulez retourner sur cette même terre pour finir de l'explorer et de la peupler [...]. Et étant donné que vous me suppliâtes de vous octroyer la régence de ce que vous découvririez sur l'une des rives dudit fleuve dont vous fîtes part, pour tout cela, j'ai demandé à ce que soient conclus avec vous le contrat et les accords suivants :

– Tout d'abord, obligation vous est faite d'emmener de ce royaume de Castille, afin d'explorer et de peupler ladite terre que nous avons ordonné appeler Nouvelle Andalousie, trois cents Espagnols, cent à cheval et deux cents à pied, ce qui semble un nombre et une force suffisants pour vous défendre et peupler ces terres ; [...]

– *Item*, vous devrez emmener avec vous huit religieux, qui vous seront donnés et désignés par ceux de notre Conseil des Indes, qui s'occuperont de l'instruction et de la conversion des naturels de ladite terre, et dont vous devrez prendre en charge le transport et la subsistance ; [...]

– *Item*, obligation vous avez de commencer l'exploration et le peuplement en question par l'embouchure du fleuve d'où vous partîtes et d'emporter deux caravelles ou autres navires que vous devrez envoyer en amont, l'une après l'autre, dès que vous serez entré par ladite embouchure et que vous aurez mouillé pour restaurer votre armée. Et sur ces navires, vous devrez emmener quelques personnes pacifiques et quelques religieux qui auront à faire les démarches nécessaires pour convaincre les naturels qu'il y aurait sur cette terre d'accéder à la paix ; et d'autres gens, experts, qui puissent sonder et reconnaître les rives et les limites de l'embouchure, ainsi que de tout le fleuve afin que l'on en connaisse l'entrée, qui observent les routes et la navigation et qui en relèvent le cours. Puis envoyer l'autre navire faire la même chose plus avant pendant que le premier reviendra vous rendre compte de ce qu'il aura trouvé, de telle sorte de ne jamais vous retrouver en conflit avec les Indiens ;

– *Item*, si quelque gouverneur ou capitaine avait déjà exploré ou peuplé une partie desdits terre et fleuve où vous devez aller et s'il s'y trouvait lors de votre arrivée, obligation vous est faite de nous en aviser pour que nous vous ordonnions quoi faire afin de ne pas lui porter préjudice ni de tenter de pénétrer sur le territoire qu'il aurait exploré et peuplé, même s'il se trouvait dans les limites de votre juridiction. Cela afin d'éviter les inconvénients que de telles situations ont provoqués jusqu'à maintenant aussi bien au Pérou qu'ailleurs ; [...]

Dans l'intention de servir convenablement Dieu Notre Seigneur et pour honorer votre personne, nous promettons de vous donner le titre de gouverneur et capitaine général de tout ce que vous découvrirez sur ladite rive du fleuve, ainsi que de vous attribuer

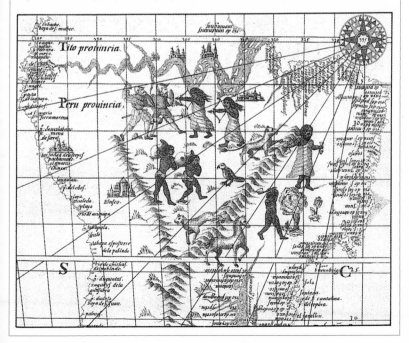

deux cents lieues de cette
même rive, mesurées à vol d'oiseau, que
vous choisirez trois ans après être entré
à l'intérieur des terres avec votre armée,
et ce pour le restant de votre vie et avec
un salaire de cinq mille ducats par an.
[…]

– *Item*, vous est accordée la douzième
partie de tous les revenus et rentes que
Sa Majesté tirera chaque année des
terres et provinces que vous explorerez
et peuplerez conformément à ces

accords. Faveur que je vous accorde à
perpétuité, à vous et à vos héritiers ; […]

– Pour construire les villages que vous
aurez à construire, vous essaierez de
choisir des endroits qui ne puissent porter
préjudice aux Indiens ; et si cela se révélait
impossible, le faire alors avec l'accord
desdits Indiens, ou avec la modération
que jugeront bonne les religieux et
l'inspecteur qui doit vous accompagner
pour observer comment s'accomplit ce
qui est contenu dans ces accords ;

– *Item*, ni vous ni personne d'autre
vous accompagnant ne doit prendre une
femme indienne mariée, ni une
quelconque autre Indienne, ni prendre
aux Indiens de l'or, de l'argent, du coton,
des plumes, des pierres, ni quoi que ce
soit leur appartenant, si ce n'est en le
rachetant et en le troquant contre
quelque chose de même valeur, rachat et
troc se faisant avec l'accord de
l'inspecteur et des religieux. Tout
contrevenant perdrait tous ses biens et
serait condamné à mort. En revanche,
quand vous aurez utilisé toute la
nourriture que vous et les personnes
vous accompagnant avez emportée, vous
pourrez demander à en racheter aux
Indiens, et si, par faute de moyens, vous
ne pouviez le faire, priez-les alors, par de
bonnes paroles persuasives, de vous
donner cette nourriture, de telle sorte
qu'il ne vous faille jamais leur prendre
par la force, si ce n'est après que tous ces
moyens, plus ceux suggérés par
l'inspecteur et les religieux, eussent été
éprouvés, et cela parce que lorsque l'on
se trouve dans une telle extrémité, il est
juste de prendre la nourriture là où elle
se trouve ;

– *Item*, ne pas entrer en guerre avec
les Indiens, en aucune façon et sous
aucun prétexte, ne pas la provoquer en
cherchant un quelconque motif, sauf à
vous défendre et ce avec la modération

que requiert tel événement. Nous vous ordonnons plutôt de leur faire comprendre que nous vous avons envoyé non pas pour vous battre, mais uniquement pour leur montrer et leur enseigner notre sainte foi catholique et l'obéissance qu'ils nous doivent, ainsi que les amener à la connaissance de Dieu. Au cas où les Indiens seraient si orgueilleux que, ne faisant aucun cas de vos incitations et exhortations à la paix, ils se présentent devant vous et provoquent la guerre, si vous n'avez d'autre moyen pour vous défendre ou vous évader que celui de les affronter, alors faites-le avec modération et tempérance, et en occasionnant le moins de morts et de dommages possible ; tous les vêtements et bijoux que vous leur prendriez, vous comme tous ceux qui vous accompagnent, vous devrez les recueillir et les rendre à ces Indiens en leur précisant que vous n'avez pas voulu le mal qu'ils ont subi mais que c'est de leur faute, car ils n'ont pas voulu vous croire, et en leur expliquant que vous leur envoyez ces choses qui leur appartiennent parce que votre but n'est pas de les tuer, ni de les maltraiter, ni de leur prendre leurs biens mais leur amitié et leur rédemption au service de Dieu et de Sa Majesté. Car si vous agissez ainsi, ils auront confiance en vous et auront foi en ce que vous leur aurez dit et direz de Dieu et de Sa Majesté ;

– Que quelque Espagnol qui tuerait ou blesserait un Indien soit puni conformément aux lois de notre royaume, sans prendre en considération le fait que le délinquant est espagnol et le mort ou le blessé indien.

Étant donné que, comme vous le verrez par ces lois, la volonté de Sa Majesté est que tous les Indiens soient sous notre protection afin qu'ils soient

maintenus et instruits dans notre sainte foi catholique, vous devez veiller à ce qu'aucun Espagnol ne possède d'Indiens, ni les maltraite, ni les empêche de se faire chrétiens, ni leur prenne quoi que ce soit si ce n'est par rachat et comme il a été dit plus haut.

Lettres patentes accordées à Francisco de Orellana pour sa seconde expédition, 1543, traduit par José Nuevo

Aventure et exploration

Au XVIIIe siècle, les explorations à vocation scientifique se multiplient en Amazonie. Ce puissant courant de curiosité né des Lumières se poursuit au siècle suivant. À la suite de scientifiques comme La Condamine, des aventuriers, tel Godin des Odonnais, se lancent à la découverte de la forêt amazonienne. Mais survivre au cœur de l'« enfer vert » reste un défi permanent, que l'on soit femme du monde, zoologiste ou botaniste.

Le regard sur les Indiens de La Condamine

Il faudrait donc, pour donner une idée exacte des Américains, presque autant de descriptions qu'il y a de nations parmi eux; cependant, comme toutes les nations d'Europe, quoique différentes entre elles en langues, mœurs et coutumes, ne laisseraient pas d'avoir quelque chose de commun aux yeux d'un Asiatique qui les examinerait avec attention, aussi tous les Indiens américains des différentes contrées que j'ai eu l'occasion de voir dans le cours de mon voyage m'ont paru avoir certains traits de ressemblance les uns avec les autres et (à quelques nuances près, qu'il n'est guère permis de saisir à un voyageur qui ne voit les choses qu'en passant) j'ai cru reconnaître dans tous un même fond de caractère.

L'insensibilité en fait la base. Je laisse à décider si on la doit honorer du nom d'apathie, ou l'avilir par celui de stupidité. Elle naît sans doute du petit nombre de leurs idées, qui ne s'étend pas au-delà de leurs besoins. Gloutons jusqu'à la voracité, quand ils ont de quoi se satisfaire; sobres, quand la nécessité les y oblige, jusqu'à se passer de tout, sans paraître rien désirer; pusillanimes et poltrons à l'excès, si l'ivresse ne les transporte pas; ennemis du travail, indifférents à tout motif de gloire, d'honneur ou de reconnaissance; uniquement occupés de l'objet présent, et toujours déterminés par lui; sans inquiétude pour l'avenir; incapables de prévoyance et de réflexion; se livrant, quand rien ne les gêne, à une joie puérile, qu'ils manifestent par des sauts et des éclats de rire immodérés, sans objet et sans dessein; ils passent leur vie sans penser et ils vieillissent sans sortir de l'enfance, dont ils conservent tous les défauts.

Si ces reproches ne regardaient que les Indiens de quelques provinces du Pérou, auxquels il ne manque que le nom d'esclaves, on pourrait croire que cette espèce d'abrutissement naît de la servile dépendance où ils vivent; l'exemple des Grecs modernes prouvant assez combien l'esclavage est propre à dégrader les hommes. Mais, les Indiens des missions et les sauvages qui jouissent de leur liberté étant pour le moins aussi bornés, pour ne pas dire aussi stupides, que les autres, on ne peut voir sans humiliation combien l'homme abandonné à la simple nature, privé d'éducation et de société, diffère peu de la bête.

Charles-Marie de La Condamine,
Voyage sur l'Amazone,
Maspero, 1981

Une femme du monde perdue dans la forêt

En 1767, madame Godin des Odonnais, part du Pérou pour rejoindre son mari à Cayenne. Avec six autres personnes, elle s'embarque sur l'Amazone. Elle sera la seule survivante de l'expédition.

Le lendemain matin, les deux Indiens avaient disparu ; la troupe infortunée se rembarque sans guide et la première journée se passe sans accident. Le lendemain, sur le midi, ils rencontrent un canot arrêté dans un petit port voisin d'un carbet (feuillées qui servent d'habitation aux sauvages) ; ils trouvent un Indien convalescent qui consentit d'aller avec eux et de tenir le gouvernail. Le troisième jour, voulant ramasser le chapeau du sieur R… qui était tombé à l'eau, l'Indien y tombe lui-même ; il n'a pas la force de gagner le bord et s'y noie. Voilà le canot dénué de gouvernail, et conduit par des gens qui ignoraient la moindre manœuvre ; aussi fut-il bientôt inondé ; ce qui les obligea de mettre à terre et d'y faire un carbet. Ils n'étaient plus qu'à cinq ou six journées d'Andoas. Le sieur R… s'offrit à y aller et partit avec un autre Français de sa compagnie et le fidèle nègre de madame Godin qu'elle leur donna pour les aider ; le sieur R… eut grand soin d'emporter ses effets. J'ai reproché depuis à mon épouse de n'avoir pas aussi envoyé un de ses frères avec le sieur R… chercher du secours à Andoas ; elle m'a répondu que ni l'un ni

l'autre n'avaient voulu se rembarquer dans le canot après l'accident qui leur était arrivé. Le sieur R… avait promis en partant, à madame Godin et ses frères, que sous quinze jours ils recevraient un canot et des Indiens. Au lieu de quinze, ils en attendirent vingt-cinq, et ayant perdu l'espérance à cet égard, ils firent un radeau sur lequel ils se mirent avec quelques vivres et effets. Ce radeau, mal conduit aussi, heurta contre une branche submergée et tourna : effets perdus et tout le monde à l'eau. Personne ne périt grâce au peu de largeur de la rivière en cet endroit. Madame Godin, après avoir plongé deux fois, fut sauvée par ses frères. Réduits à une situation plus triste encore que la première, ils résolurent tous de suivre à pied le bord de la rivière.

Quelle entreprise ! Vous savez, monsieur, que les bords de ces rivières sont garnis d'un bois fourré d'herbes,

de lianes et d'arbustes, où l'on ne peut se faire jour que la serpe à la main, en perdant beaucoup de temps. Ils retournent à leur carbet, prennent les vivres qu'ils y avaient laissés et se mettent en route à pied. Ils s'aperçoivent, en suivant le bord de la rivière, que ses sinuosités allongent beaucoup leur chemin ; ils entrent dans le bois pour les éviter et peu de jours après ils s'y perdent. Fatigués de tant de marche dans l'âpreté d'un bois si incommode pour ceux mêmes qui y sont faits, blessés aux pieds par les ronces et les épines, leurs vivres finis, pressés par la soif, ils n'avaient d'autre ressource que quelques graines, fruits sauvages et choux palmistes. Enfin, épuisés par la faim, l'altération, la lassitude, les forces leur manquent, ils succombent, ils s'asseyent et ne peuvent plus se relever. Là ils attendent leurs derniers moments ; en trois ou quatre jours ils expirent l'un après l'autre. Madame Godin, étendue à côté de ses frères et de ces autres cadavres, resta deux fois vingt-quatre heures étourdie, égarée, anéantie et cependant tourmentée d'une soif ardente. Enfin la Providence qui voulait la conserver lui donna le courage et la force de se traîner et d'aller chercher le salut qui l'attendait. Elle se trouvait sans chaussure, demi-nue ; deux mantilles et une chemise, en lambeaux par les ronces, la couvraient à peine ; elle coupa les souliers de ses frères et s'en attacha les semelles aux pieds. […]

Comment dans cet état d'épuisement et de disette une femme délicatement élevée, réduite à cette extrémité, peut-elle conserver sa vie ne fût-ce que quatre jours ? Elle m'a assuré qu'elle a été seule dans le bois dix jours dont deux à côté de ses frères morts, attendant elle-même son dernier moment… Le deuxième jour de sa marche, qui ne pouvait pas être considérable, elle trouva de l'eau et les

jours suivants quelques fruits sauvages et quelques œufs verts qu'elle ne connaissait pas. […] À peine elle pouvait avaler, tant l'œsophage s'était rétréci par la privation des aliments. Ceux que le hasard lui faisait rencontrer suffirent pour sustenter son squelette. Il était temps que le secours qui lui était réservé parût.

Si vous lisiez dans un roman qu'une femme délicate, accoutumée à jouir de toutes les commodités de la vie, précipitée dans une rivière, retirée à demi noyée, s'enfonce dans un bois sans route et y marche plusieurs semaines, se perd ; souffre la faim, la soif, la fatigue jusqu'à

l'épuisement, voit expirer ses deux frères beaucoup plus robustes qu'elle, trois jeunes femmes, ses domestiques, un jeune valet du médecin qui avait pris les devants ; qu'elle survit à cette catastrophe ; que restée seule deux jours et deux nuits entre ces cadavres, dans des cantons où abondent les tigres et beaucoup de serpents très dangereux, sans avoir jamais rencontré un seul de ces animaux ; qu'elle se relève, se remet en chemin couverte de lambeaux, errante dans un bois sans route, jusqu'au huitième jour qu'elle se retrouva sur le bord du Bobonafa ; vous accuseriez l'auteur du roman de manquer à la vraisemblance.

Lettre de Godin des Odonnais
à de La Condamine, 1773

Excursion dans la région de Pará

Le botaniste von Martius et le zoologiste von Spix partent pour le Brésil de 1817 à 1820 ; ils sont les premiers à étudier aussi rigoureusement l'histoire naturelle de l'Amazonie. À leur retour, Martius est nommé directeur du jardin botanique de Munich.

Tournant le dos à la rive pour me diriger vers l'intérieur des terres, je dus d'abord traverser une forêt dense qui ne semblait guère accueillante et présentait les traces d'une inondation sérieuse : les arbres, dont le tronc émergeait d'une boue tenace, s'évasaient en une haute voûte de branches irrégulièrement réparties, l'eau gouttait sans trêve des feuilles épaisses, recouvertes de lianes et de mousse, et une couche d'air imprégnée de putréfaction stagnait sur le sol humide, glissant et presque dénué d'herbe et d'arbustes. Cette forêt s'appelle *alagadisso* chez les Brésiliens et *gabó* en langue geral. Elle regroupe en premier lieu le cacaoyer,

dont je trouvai quelques spécimens sauvages et d'autres plantés en rangées dans un *cacaol*. Cet arbre n'atteint pas une hauteur remarquable et sa ramure n'a pas beaucoup d'ampleur, car il ne porte ses grands fruits lourds que sur le tronc et sur les branches principales. Aussi ces plantations évoquent-elles, vues de loin, des allées de tilleuls exubérants mais soigneusement taillés.

Émergeant de cette *alagadisso*, je parvins sur une aire plus élevée, sèche et dépourvue d'arbres, dont le sol était couvert d'un riant tapis d'herbe. Rien n'égale le silence qui plane sur ces aimables clairières ; tandis qu'aucun souffle d'air n'anime la forêt ténébreuse, mélancolique et muette qui les encercle, les chauds rayons du soleil déploient tout leur éclat sur leurs fleurs et attirent là d'innombrables papillons, libellules et colibris qui s'adonnent à leurs jeux insouciants. Je demeurai longtemps plongé dans ce spectacle nouveau pour moi, lorsque soudain les longues ombres, que quelques palmiers *inajá* (*Maximiliana regia*) épars jetaient sur les clairières, me rappelèrent au soir tombant et au trajet de retour. Néanmoins je voulais encore, auparavant, aller examiner une dépression de terrain toute proche vers laquelle j'avais vu s'envoler, de loin en loin, des essaims de foulques et de canards. Je longeai un fossé peu profond mais rempli d'eau et me trouvai rapidement devant un petit étang d'une transparence de cristal, entouré de joncs aux larges feuilles et d'immenses tiges d'arum. Combien fus-je surpris de retrouver ici le tableau de ce mémorable étang d'oiseaux du rio de S. Francisco ! Ici comme là-bas le règne ailé représentait toute la vie simplement en plus petit format et avec un mouvement moins bruyant.

Ensuite je voulus revenir à la rive mais, dans les méandres des cours d'eau, les épais halliers qui les bordaient et les langues de forêt vierge qui s'allongeaient dans différentes directions, j'eus bientôt perdu mon chemin. Et plus je m'appliquais à chercher, plus tout devenait hostile et confus autour de moi. Il me fallut donc échanger les joies de cette

plaisante contemplation de la nature pour ses effrois, car j'arrivai dans des marais où me cernèrent d'impénétrables bosquets de palmiers épineux (*Bactris marajá*), où les buissons visqueux des marantas s'emmêlaient de plus en plus inextricablement autour de moi, où les héliconias aux larges feuilles, sur lesquelles j'essayais de prendre pied, masquaient un bras d'eau profond, et où, lorsque je m'immobilisai et tendis l'oreille, je crus percevoir le cri des caïmans qui, sûrs de leur proie, venaient faire ventre du voyageur égaré. Alors je dus m'avouer, à ma grande horreur, que je m'étais fourvoyé dans l'une de ces mares louches (*mondogos*), que les Indiens eux-mêmes prennent soin de fuir car ils les tiennent pour le séjour de bêtes dangereuses et pour un labyrinthe fatal. Il commençait à faire sombre et, comme je n'étais pas armé, je n'avais d'autre choix que de me tenir immobile et d'appeler à l'aide en criant et en tambourinant sans relâche sur mes boîtes à herboriser en fer-blanc.

Après m'être ainsi démené en vain pendant un bon moment, je grimpai au tronc d'un palmier *jubatí* (*Sagus taedigera*), dont quelques pétioles formaient une sorte d'escalier. Dans l'épaisse ramure de cet arbre j'étais certes à l'abri des bêtes sauvages, mais je ne pouvais m'appuyer à ses pétioles dressés qu'avec une grande prudence pour ne pas me blesser à leurs piquants. La nuit tombait peu à peu et des myriades d'étoiles se mirent à briller au-dessus de moi ; mais je n'étais pas en état, ce jour-là, de m'élever et de m'apaiser en les contemplant ; je nourrissais plutôt l'espoir que mon absence jusqu'à cette heure inhabituelle inciterait mes compagnons de voyage à me faire chercher.

Effectivement, le Dr Spix avait envoyé des Indiens sur mes traces, quelques coups de feu retentirent bientôt, auxquels je

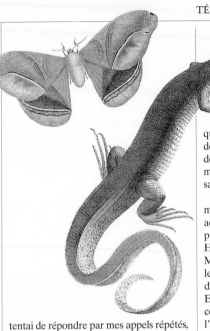

tentai de répondre par mes appels répétés, et je finis par découvrir deux lumières mouvantes qui, avec quelques détours, progressaient dans ma direction. Ce furent deux hommes de l'*engenho* qui me libérèrent enfin de cette terrible situation et me reconduisirent à mes compagnons inquiets en faisant montre d'une grande connaissance des lieux. La voie qu'ils prirent n'était pas non plus dénuée de danger, car les torches qu'ils portaient, en bois de palmier *jubati*, ne nous éclairaient

que maigrement le sentier tout encombré de scirpes, de phragmites et de bosquets de palmiers des marais, dont les piquants m'avaient si bien arrangé que mon corps saignait de partout.

Lorsque nous revînmes au *Rossinha* le matin suivant, nous eûmes la joie d'être accueillis par de nombreuses lettres du pays natal. C'était notre excellent ami R. Hesketh qui les avait réexpédiées du Maranhão par l'intermédiaire du facteur, lequel avait accompli le pénible et dangereux voyage en deux semaines. Elles contenaient entre autres la consigne de fixer le retour en Europe à l'été 1820, confirmant ainsi le plan déjà arrêté. Mais en même temps, la brièveté du temps qui nous restait pour remonter le cours de l'Amazone nous contraignait à ne prolonger notre séjour à Pará que jusqu'au terme des préparatifs de ce voyage.

Dr J. B. von Spix
& Dr C. F. P. von Martius,
Reise in Brasilien auf Befehl Sr. Majestät Maximilian Joseph I., Munich, 1831,
traduit par Marianne Bonneau

Le télégraphe positiviste de Cãndido Rondon

*De 1907 à 1909, Cãndido Rondon installe
5 666 kilomètres de lignes télégraphiques à travers
l'Amazonie pour le compte du gouvernement brésilien.
Adepte de Benjamin Constant Bothelo de Magalhães,
lui-même fortement influencé par les idées humanistes
d'Auguste Comte, Rondon fait preuve d'un très grand
respect lors de ses rencontres avec les tribus indiennes.*

Toute une génération emboîte alors le pas de ce Benjamin Constant (celui qui n'écrivit pas *Adolphe*), adhère aux idéaux positivistes, et, parmi eux, Cãndido Rondon, un des bras droits de Constant lors des événements de 1889. Né en 1865 dans le Mato Grosso, de sang portugais par son père, indien par sa mère, orphelin dès l'âge de deux ans, Cãndido Rondon doit choisir entre le rouge du costume militaire et le noir de la prêtrise, seules carrières ouvertes à un jeune homme pauvre. Contrairement à Julien Sorel, il écarte le noir et se convertit au positivisme en entrant à l'École militaire de Rio. Là, il étudie puis enseigne l'astronomie, la mécanique et les mathématiques supérieures, jusqu'en 1890, où Constant le nomme à la tête de la Commission de construction de lignes télégraphiques, chargé de l'inspection des frontières. Le Brésil a en effet hérité d'un monstre, l'Amazonie, qu'il ne connaît ni ne domine, mais n'entend pas laisser dévorer par ses voisins. La république naissante est animée du même souci que l'ancien empire : intégrer à la nation cette Amazonie qu'on appelle encore le « Grand Para », dont la possession semble un peu flottante. Après de nombreuses guerres avec ses voisins, dont le Paraguay, le Brésil conclut avec la Bolivie, en 1903, le traité de Pétropolis : la Bolivie cède au Brésil la région d'Acre et le Brésil permet à la Bolivie de construire une voie ferrée jusqu'à la partie navigable du fleuve Madeira, à Porto Velho, pour exporter son caoutchouc vers la mer.

Dans le même temps que l'on construit cette voie ferrée, dans des conditions inhumaines, Rondon et ses hommes doivent établir une ligne télégraphique du Mato Grosso à Porto Velho à travers l'Amazonie. À pied, bien sûr, à la machette, dans une jungle sans piste, semée d'embûches, de cours d'eau, saturée de chaleur moite, de moustiques et d'animaux sauvages. Et peuplée d'Indiens invisibles pour qui l'homme blanc n'est pas forcément le bienvenu.

Rondon a déjà eu l'occasion de pactiser avec les Bororos, dont un peu de sang coule dans ses veines, par sa mère. Cette fois, il doit affronter d'autres tribus inamicales, dont les Nambiquaras. C'est un petit homme sec, au teint cuivré, intelligent et résolu, d'une dignité impeccable, comme on peut le voir sur les films pris par ses lieutenants, constamment entouré de chiens noirs dressés à chasser les tigres, qui abondent dans la région. Un caractère inflexible dans un corps infatigable, que rien ne décourage. Une flèche indienne le frappe en pleine poitrine, se fiche par chance sur sa bandoulière de cuir, Rondon se contente de tirer deux coups de feu en l'air. Il sait que les Indiens ont de bonnes raisons de se méfier de lui ou plutôt de ceux auxquels il ressemble, qui sont venus avant lui pour les persécuter. À chaque signe que les Indiens placent sur sa route, branches entrelacées, palmes tressées, pour indiquer une interdiction d'entrer sur leurs terres, Rondon respecte leur volonté, contourne l'obstacle.

Il ne vient pas combattre, mais convaincre, connaître, nouer des liens, pacifier. Son positivisme lui inspire l'ordre strict qu'il donne à ses hommes : « Mourez si vous ne pouvez faire autrement, mais ne tuez jamais. » Il gagne ainsi la confiance de chaque tribu sur sa route. Comme tous les étrangers avant lui, il apporte involontairement des maladies mortelles aux Indiens, de la grippe à la vérole et, simultanément, en explorateur humaniste, il fonde des écoles, recueille les orphelins et les envoie à Rio pour être scolarisés, tisse un réseau d'amitiés avec les Nambiquaras, les Parnautes, les Salamais, les Carajas et bien d'autres tribus jugées hostiles, prenant de nombreuses notes anthropométriques, ethnographiques, linguistiques, étudiant la géologie et la flore des régions qu'il traverse, parcourant quelque 40 000 kilomètres au cours de ses expéditions harassantes. Entre 1907 et 1909, Rondon installe 5 666 kilomètres de lignes télégraphiques avec 55 stations de transmission dans une jungle inhospitalière. Il est célèbre. L'ancien président des États-Unis Théodore Roosevelt, chasseur émérite, voyage six mois en compagnie de Rondon en Amazonie. Albert Einstein proposera le nom de Rondon pour le prix Nobel de la paix. Quand celui-ci achève sa mission héroïque, on commence déjà en Europe à mettre au point le télégraphe sans fil…

Peu importe, Rondon a tracé entre les esprits une ligne invisible, irréversible, qui compte bien davantage que celle de son télégraphe obsolète. En 1910, il crée le Service de protection des Indiens (SPI). Élevé au titre de maréchal de son vivant – hommage unique –, Rondon refuse tous les postes politiques qu'on lui offre. Il meurt en 1958, à 92 ans, dont cinquante passés dans la forêt, couvert d'honneurs, la conscience en paix, le devoir plus qu'accompli, avec l'espoir que son exemple sera suivi par d'autres, dans le même idéal de fraternité. Un optimisme exagéré peut-être, mais il en fallait beaucoup pour une aussi longue persévérance.

Que reste-t-il aujourd'hui de son œuvre ? Une leçon de courage. Le nom d'un territoire fédéral du Brésil, le Rondonia. Une piste dans la forêt que suivra plus tard Claude Lévi-Strauss. Avant tout, une reconnaissance authentique de la réalité indienne. La Fundação nacional do Indio (Funai), qui a remplacé le SPI, « protège » des tribus – qui n'en demandaient peut-être pas tant – et parvient quand même à limiter les dégâts qui déferleraient ici sans elle. Si l'on cherche le meilleur héritage de Rondon, il est là, dans cette prise de conscience des Brésiliens de la précieuse fragilité des Indiens et du respect qui leur est dû. Rondon fut un conquérant à sa manière, dira-t-on, et il n'en est jamais de bon. Du moins sut-il penser et appliquer sincèrement les plus généreuses idées de son époque.

Michel Braudeau,
Le Rêve amazonien,
Gallimard, 2004

Images d'une Amazonie littéraire

Forêt mystérieuse, magique et impénétrable. l'Amazonie suscite les accents les plus lyriques mais aussi les plus nostalgiques, presque désabusés… « Dernière page de la Genèse qui reste à écrire… », souligna au début du siècle Euclides da Cunha. Terre que la littérature révéla et révèle encore comme un lieu fascinant et… décevant. L'homme y est un intrus en proie aux délires de son imagination.

Préserver un mythe : Indiens et littérature

Après avoir étudié la vie des Indiens, révélé leurs mythes et leurs légendes, l'ethnologue brésilien Darcy Ribeiro, spécialiste des tribus amazoniennes, témoigne dans son roman Maira *de la lente extermination du monde indien. Isaias, un jeune Indien, retrouve son village après avoir passé quelques années à Rome.*

D'ici, d'en haut, volant vers là-bas, je vois, gravé dans le sol, détaché de la forêt et entouré de petites campines, le village où je suis né. Les maisons sont d'énormes corbeilles tressées de troncs encore verts, flexibles, couverts de paille. La plus grande, le *baito*, a été bien des années le point de mire du padre Vecchio, qui n'a eu de cesse qu'il n'ait construit une chapelle encore plus grande. Mais la croix n'a jamais pu rivaliser avec l'ornement du *baito* : deux troncs secs d'arbres entiers avec leurs racines apparentes, liés au sommet de la voûte.

Maintenant il doit faire grand nuit dans mon village. Dans les maisons, tout le monde dort dans les hamacs attachés à des pieux dans le mur et aux mâts, et formant les petits groupes de chaque famille. Le hamac de l'homme en bas ; au-dessus, celui de la femme et, encore au-dessus, celui des enfants. Dessous, contre le froid de l'aube, brûle un petit feu de maigres tisons qui éclaire seulement le sol. […]

Ma forêt est un monde de troncs hauts, élancés, sortant du sol propre, montant et montant pour ne se déployer que tout en haut, au sommet. La lumière n'y entre à flots que là où un éclair a abattu un arbre, mais la forêt referme aussitôt ses blessures. Son naturel est une pénombre verte, sombre, comme une cathédrale romane. Elle ne s'anime d'ailleurs que deux fois par jour : au lever du jour et à la tombée de la nuit. Alors les chœurs de singes alouates sautent dans les branches et hurlent à tue-tête et toutes les bêtes à plumes chantent ou roucoulent en tournoyant dans la peur de la nuit qui vient ou dans la joie de l'aube. Ce sont les deux messes chantées de la forêt vierge : celle du matin et celle du soir.

Nous tous, Mairuns, avons très peur

de voir tomber la nuit dans la forêt. Si ça arrive, nous tendons nos hamacs bien près les uns des autres et nous attisons le feu, pleins d'effroi, attendant que le temps passe dans la traversée lente de ce tunnel noir qu'est une nuit dans la forêt. Ce sont des heures où l'on redoute sans cesse que quelqu'un dise quelque chose qui rappelle les histoires terribles d'hommes endormis dans la forêt, qui ont perdu leur âme en devenant des bêtes et, comme bêtes, ont vécu pour toujours.

D'ici, d'en haut, regardant non pas vers la forêt mais en moi, au fond de moi, je vois mon monde. C'est là maintenant que mon village mairun existe tel qu'il a été et que je l'ai vu il y a tant d'années. Je le vois et revois, dans chaque détail, je le vois même sous des angles qu'on ne peut pas voir, comme l'ordonnance très ancienne des versants et des familles claniques. Une ligne invisible partage le village en deux moitiés, celle du Levant et celle du Couchant. Chacune avec ses clans qui doivent aller chercher leurs femmes ou leurs maris dans le versant opposé. Cette division du village en moitiés reproduit sur terre la division du monde tel que nous le concevons, toujours partagé en deux : le jour et la nuit, le clair et l'obscur, le soleil et la lune, le feu et l'eau, le rouge et le bleu et aussi le mâle et la femelle, le bon et le mauvais, le laid et le beau. Un versant du village est du jour, de la lumière, du soleil, du feu, du jaune. C'est là qu'est ma famille jaguar, parmi beaucoup d'autres. L'autre versant est nocturne, crépusculaire, lunaire, aquatique, très bleu. C'est celui des familles réciproques, comme celle de mes beaux-frères, les petits Éperviers Faucons et de biens d'autres gens. Un versant dit de l'autre qu'il est féminin, mauvais et laid.

On n'a pas encore décidé lesquels ont ces défauts. Mais pour moi, au fond de moi, il me semble que c'est eux, ceux de l'autre côté, qui sont efféminés, laids et mauvais. Si c'était un sujet dont on discute, j'aurais beaucoup d'arguments pour soutenir ma thèse. À part moi, nous tous, ceux du Levant, sommes les plus beaux, les plus forts, les plus tout, sauf moi.

Darcy Ribeiro,
Maira,
Gallimard, 1980

L'or noir et le déclin

Le Colombien José Eustacio Rivero et le Portugais Ferreira de Castro retracent dans des romans d'inspiration autobiographique la splendeur et la cruauté de la nature amazonienne ainsi que l'existence misérable des caucheros *et des* seringueiros, esclaves du caoutchouc. *L'œuvre lyrique et fiévreuse de José Eustacio Rivero,* La Voragine, *retrace l'existence des esclaves du caoutchouc et des trafiquants qui les exploitent.*

J'ai été cauchero, je suis cauchero ! J'ai vécu au milieu de marécages boueux, dans la solitude des montagnes, avec mon équipe d'hommes paludiques, piquant l'écorce d'arbres, au sang blanc comme celui des dieux.

À mille lieues du foyer où je suis né, j'ai maudit les souvenirs, car ils sont tous tristes : parents, qui vieillirent dans la pauvreté, attendant le soutien du fils absent : sœurs à la beauté nubile, qui sourient aux déceptions sans que la fortune change de visage, sans que le frère leur apporte l'or libérateur !

Souvent, en fichant ma hache dans le tronc vivant, j'étais pris du désir de la lancer sur ma propre main qui avait touché aux pièces de monnaie sans les garder ; main malheureuse qui ne produit rien, qui ne vole pas, qui ne rachète pas ; et j'ai été sur le point de me défaire de la vie. Et penser que tant d'autres, dans cette forêt, souffrent du même mal !

Qui donc a créé ce déséquilibre entre la réalité et notre âme que rien ne peut assouvir ? Pourquoi nous a-t-on donné des ailes dans le vide ? Notre marâtre fut la pauvreté, l'espoir notre tyran. Pour regarder vers les hauteurs, il nous faut trébucher sur la terre ; par égard au ventre misérable, nous échouons en esprit. La médiocrité nous a fait don de son angoisse. Nous ne fûmes que les héros du médiocre !

Celui qui a réussi à entrevoir une vie heureuse n'a pas eu de quoi l'acheter ; celui qui a cherché une fiancée a trouvé le dédain ; celui qui a rêvé d'une épouse n'a trouvé qu'une maîtresse ; celui qui a tenté de s'élever est retombé vaincu devant les puissants aussi indifférents, aussi impassibles que ces arbres qui nous regardent dépérir des fièvres et de la faim parmi les sangsues et les fourmis !

J'avais voulu régler son compte à l'illusion, mais une force inconnue me poussa au-delà de la réalité. Je passai au-dessus du bonheur, comme une flèche qui manque son but, sans pouvoir rien changer à l'impulsion fatale, et sans autre destinée que la chute ! Et c'est là ce qu'ils appelaient mon *avenir* !

Rêves irréalisés, triomphes abandonnés ! Pourquoi est-ce vous les fantômes de la mémoire, comme si vous aviez dessein de me faire honte ! Voyez à quoi s'est borné ce rêveur : à blesser l'arbre inerte pour enrichir ceux qui ne rêvent pas, à supporter les mépris et les vexations en échange d'un morceau de pain rassis, à la tombée du jour !

Esclave, accepte sans te plaindre tes fatigues ; prisonnier, supporte ta geôle ! Vous ignorez la torture d'errer, lâchés dans la prison de la forêt, dont les voûtes vertes ont pour piliers des fleuves immenses. Vous ne connaissez pas le supplice des pénombres, quand on regarde la lumière du soleil qui éclaire la plage d'en face, où vous ne parviendrez jamais ! La chaîne qui mord vos chevilles est plus clémente que les sangsues de ces marais, le gardien qui vous tourmente est moins intraitable que ces arbres qui nous surveillent sans parler !

J'ai trois cents troncs dans mes estrades et je mets neuf jours à les martyriser. Je les ai débarrassés des lianes et vers chacun d'eux j'ai tracé un chemin. En parcourant la troupe rusée des végétaux pour abattre ceux qui ne pleurent pas, je surprends parfois des châtreurs volant la gomme des autres travailleurs. Nous nous battons à coups de dents et de *machete* et le lait disputé se teint de gouttes rouges ! Mais peu

importe si nos veines augmentent la sève du végétal ! Le *capataz* exige dix litres par jour et le fouet est un usurier qui ne pardonne jamais !

Et que m'importe si mon camarade qui travaille dans le ravin voisin se meurt de fièvre ? je le vois étendu sur les feuilles, s'agitant pour chasser les grosses mouches qui l'empêchent d'agoniser en paix. Demain, je devrai quitter ces lieux, chassé par la puanteur, mais je volerai la gomme qu'il aura extraite et mon travail en sera diminué d'autant. Un autre, à son tour, fera de même avec moi quand je mourrai. Moi qui n'ai pas volé pour mes parents, je volerai tout ce que je pourrai pour mes bourreaux.

Tandis que j'entoure le tronc dégouttant de lait avec la tige cannelée du *carana*, pour faire couler ses larmes tragiques jusqu'au godet, la nuée de moustiques qui le défend suce mon sang et la brume tiède de la forêt m'emplit les yeux. Ainsi, l'arbre et moi, chacun avec son tourment, nous avons des larmes devant la mort et nous luttons corps à corps jusqu'à en succomber !

Mais je ne plains pas celui qui reste là, sans protester. Un tremblement de branches n'est pas une révolte qui puisse me toucher. Pourquoi toute la forêt ne rugit-elle pas et ne nous écrase-t-elle pas comme des reptiles pour nous punir de cette vile exploitation ? Ce n'est pas de la tristesse que j'éprouve ici, mais du désespoir ! Que n'ai-je un camarade avec qui conspirer ! Je voudrais livrer la bataille des espèces, mourir dans des cataclysmes, voir les forces cosmiques en mouvement ! Si Satan dirigeait cette révolte !…

J'ai été cauchero, je suis cauchero ! Et ce que ma main a fait contre les arbres, elle peut le faire contre les hommes !

José Eustacio Rivero,
La Voragine,
Rieder, 1934

Infernal Paradis

Alberto, un jeune Portugais, arrive à Belém do Pará et s'engage dans une exploitation de caoutchouc au nom ironique de « Paradis ». Et c'est pour lui la découverte de la forêt.

L'Amazonie était un monde à part, une terre embryonnaire, énigmatique et tyrannique, faite pour étonner, pour détraquer le cerveau et les nerfs. Dans cette forêt monstrueuse l'arbre n'existait pas : ce terme était concrétisé par l'enchevêtrement végétal, dément, vorace. L'esprit, le cœur, les sentiments s'égaraient. On était victime d'une chose affamée qui vous rongeait l'âme. Et la forêt vierge montait étroitement la garde autour des victimes perdues dans son immensité, silencieuse, impénétrable, effaçant les pas, barrant les sentiers, brouillant les pistes, emprisonnant les hommes, les ravalant au rang d'esclaves, les tenant. Et tout autour de la clairière où Alberto se débattait malade de peur, malade d'ennui, se dressait la haute muraille verte, dont les surgeons, poussés en sentinelles avancées, proliféraient, fusaient, rebourgeonnaient avec une vitalité insensée et d'autant plus décourageante que le couteau du débrousseur les décapitait chaque matin pour se frayer chemin… La selve ne pardonnait pas la blessure qu'elle portait au flanc et l'on sentait qu'elle n'accepterait de trêve que la clairière reconquise et la cabane étouffée. Dix, ans, vingt ans, cinquante ans, un siècle n'importait guère ; l'issue était fatale ; c'était inéluctable, les hommes céderaient vaincus par l'épuisement des caoutchoutiers qu'ils exploitaient, vaincus par la maladie, vaincus par l'ennui et la désespérance, vaincus par l'isolement, et quels que fussent les instruments et les circonstances de cette revanche, voire l'extermination des Blancs par les derniers sauvages, la forêt vierge vaincrait. La menace était partout, dans l'air que l'on respirait, sur la terre où l'on marchait, dans l'eau que l'on buvait. La forêt aurait le dernier mot.

Ferreira de Castro,
Forêt vierge,
Grasset, 1938

Où chercher le pittoresque ?

Henri Michaux publie en 1929 Ecuador, *le récit d'un jeune homme qui entreprend un voyage à travers les Andes, les montagnes de l'Équateur, les forêts du Brésil, pour arriver enfin à l'embouchure de l'Amazone. Le constat : rien ne débouche nulle part.*

Iquitos, Pérou,
Port sur l'Amazone
15 novembre

Le quotidien fait le bourgeois. Il se fait partout ; toutefois le quotidien de l'un peut désorienter jusqu'à la mort l'homme de l'autre quotidien, c'est-à-dire l'étranger, ce quotidien fût-il le plus banal, le plus gris, le plus monotone pour l'indigène.

Dans le quotidien de ce pays, il y a l'*issang.* Vous passez dans l'herbe humide. Ça vous démange bientôt. Ils sont déjà vingt à vos pieds, visibles difficilement sauf à la loupe, petits points rouges mais plus roses que le sang.

Trois semaines après, vous n'êtes plus qu'une plaie jusqu'au genou, avec une vingtaine d'entonnoirs d'un centimètre et demi et purulents.

Vous vous désespérez, vous jurez, vous vous infectez, vous réclamez du tigre, du puma, mais on ne vous donne que du quotidien.

Autre quotidien : des moustiques très petits. Ils piquent à peine, se mettent dans vos cils, seulement là, par centaines…

Vous demandez de la boa, mais on ne vous donne que du quotidien.

Il y a aussi dans l'eau un petit poisson charmant, gros comme un fil de laine, joli, transparent, gélatineux.

Vous vous baignez, il vient à vous, et cherche à vous pénétrer.

Après avoir sondé au plus sensible, avec beaucoup de délicatesse (il adore les orifices naturels), le voilà qui ne songe plus qu'à sortir. Il revient en arrière ; mais reviennent en arrière aussi et se soulèvent malgré lui une paire de nageoires-aiguilles. Il s'inquiète, s'agite et tâchant de sortir ainsi en parapluie ouvert, il vous déchire en d'infinies hémorragies.

Ou l'on arrive à empoisonner le poisson, ou l'on meurt.

Mais la fin la plus ordinaire est celle-ci : dès que dans l'eau se répand du sang, si peu que ce soit, viennent les *caneros*, pas bien plus grands que des sardines, nombreux comme elles, mais voraces et forts, qui vous emportent le doigt d'un coup. Pour un homme ou une femme de soixante kilos, il leur faut environ dix minutes.

On n'a jamais retiré un cadavre de l'Amazone.

On n'a jamais trouvé un cadavre dans l'Amazone. […]

L'Amazone n'était pas d'une taille à se laisser voir avant le XXᵉ siècle

15 décembre, Pará,
Embouchure de l'Amazone,
D'étroits et nombreux passages de un à deux kilomètres de largeur, voilà tout.

Mais où est donc l'Amazone ? se demande-t-on, et jamais on n'en voit davantage.

Il faut monter. Il faut l'avion. je n'ai donc pas vu l'Amazone. je n'en parlerai donc pas.

Une jeune femme qui était à notre bord, venant de Manaos, entrant en ville ce matin avec nous, quand elle passa dans le Grand Parc, bien planté d'ailleurs, eut un soupir d'aise.

Ah ! enfin la nature ! dit-elle. Or elle venait de la forêt…

C'est qu'elle fait rudement la gueule, la forêt équatoriale à gauche et à droite du fleuve.

Henri Michaux,
Ecuador,
Gallimard, 1929

Cendrars voyage « en transatlantique dans la forêt vierge ». Là encore, la réalité se dérobe.

Cependant, la forêt continue à défiler. Le paquebot remonte le milieu du fleuve ou longe alternativement l'une ou l'autre rive.

Sous la voûte des arbres géants règne une pénombre verdâtre qu'égaient à peine les lianes fleuries qui pendent des plus hautes branches.

L'eau opaque des anses, des *degrads*, est sertie de petites plages ocres, jaunes ou blanches, toujours en forme de croissant et où souvent un alligator est allongé, immobile.

Rien ne bouge, sauf parfois un macao criard, un toucan éblouissant ou un perroquet jacassant qui passe comme une flèche d'une rive à l'autre pour regagner son couvert de verdure ou alors c'est un petit singe qui saute, surpris, de sa cachette, se laisse glisser et s'empresse de disparaître dans la ramure, un instant agitée. Parfois encore, un grand papillon bleu, dit *pamplonera*, de la famille des morphées, vient d'un vol ivre voltiger autour du navire.

Un œil très exercé peut distinguer, çà et là, suspendu comme un rayon de soleil entre deux touffes de bambous ou surplombant les fleurs épanouies des victorias de l'équateur, ces nénuphars géants dont les feuilles sont d'épais plateaux qui peuvent atteindre jusqu'à deux mètres de circonférence, un essaim de colibris qui se déplace verticalement comme une poussière de diamant ; ou bien il peut repérer dans l'eau trouble, voir dans un remous, le corps fuyant d'un *manati* qui plonge, cet étrange poisson à mamelles, à la grosse tête mobile, qui broute des herbes spongieuses et que l'on appelle aussi le « poisson-vache ».

Mais ces apparitions extraordinaires ne durent qu'un clin d'œil ; immédiatement, le fleuve, la forêt, les herbes se referment sur elles, cachent leur faune, gardent leur secret, leur vie.

Pas une voix. Pas un cri. Pas un bruit. L'eau s'écoule. La forêt toute proche miroite dans la chaleur. Le ciel vide, une ride sur l'eau, une cime lointaine qui remue, une feuille qui tremble, tout est énigmatique.

On a l'impression que ce transatlantique de 12 000 tonnes, tout chargé de choses, d'hommes et de marchandises d'Europe, qui navigue dans la forêt vierge, qui remonte le courant, dont l'étrave puissante et les hélices fendent et brassent les flots jaunes de l'Amazone et dont les volutes de fumée noire vont se nouer aux troncs des palmiers en étoile, ne trouble rien, ne dérange rien et ne compte pas dans cette grandiose nature sauvage ; bref, qu'il passe inaperçu, tout comme un moustique ou un éphémère…

Blaise Cendrars,
Histoires vraies : en transatlantique dans la forêt vierge, Grasset, 1936

Le rêve

Il n'y a pas hiatus, changement de monde, pour les Indiens entre rêve et réalité, diurne et nocturne, visible et invisible. Tout est également réel, yeux ouverts ou fermés. L'Indien, comme Alice au pays des merveilles, traverse le miroir des apparences avec naturel, bien que ce ne soit pas toujours avec tranquillité ; car si l'imaginaire est une source inépuisable de connaissances, il est aussi rose et noir.

La Genèse selon les Indiens Kogui

Au début était la mer. Tout était obscur.
    Il n'y avait ni soleil, ni lune, ni gens, ni animaux, ni plantes.
    La mer était partout. La mer était la mère.
    La mère n'était ni personne, ni rien, ni chose d'aucune sorte.
    Elle était esprit de ce qui allait advenir.
    Elle était pensée, et mémoire.

Cité par
Alain Gheerbrant

Awena, mythe cosmique des Indiens Chimu

Les Indiens Chimu vivent en Colombie ; ils constituent un sous-groupe des Indiens Choko du versant occidental de la cordillère des Andes.

Lorsqu'elle eut ses premières règles, ils enfermèrent la jeune fille dans une case. Au bout de deux mois, ils allèrent la voir et la trouvèrent tellement grosse qu'ils ne purent la soulever. Quand ils revinrent, une semaine plus tard, elle avait encore grossi tellement qu'elle

ne tenait plus dans la case, qu'ils furent obligés de démolir, et elle continua de grossir, de jour en jour. Elle était tombée sur le sol où elle commença à s'enfoncer par son propre poids, et elle s'enfonça de plus en plus jusqu'à ce qu'elle parvienne à l'autre monde. Elle est là, sous la terre, et, quand elle bouge, son moindre mouvement fait trembler la terre : si elle bougeait beaucoup, la terre volerait en morceaux ; elle se nomme Awena.

La sœur d'Awena avait l'habitude de se baigner dans une mare. La première fois, elle se baigna une heure et revint à la maison ; la seconde fois, elle se baigna deux heures. Alors ses parents allèrent voir pourquoi elle tardait tant et ils découvrirent plein de poissons, comme on n'en avait jamais vu. Cela leur parut bien curieux et ils demandèrent à la fille « Pourquoi y a-t-il tant de poissons ? » et elle leur répondit qu'il ne fallait pas toucher aux poissons de cette mare.

Un jour, elle alla se baigner et ne revint pas. Quand on partit à sa recherche, au bout de deux jours, on découvrit qu'elle était devenue poisson au-dessous de la ceinture, et on voulut la sortir, mais elle dit : « Ni maintenant ni plus tard, vous ne pourrez me sortir de l'eau, car je suis Benetenabe, la mère des poissons. »

C'est pour cela qu'il y a des poissons, et sans cela il n'y en aurait pas. C'est elle qui apprit aux hommes que sa sœur était sous la terre et que, quand elle se remuait, la terre tremblait.

Les deux sœurs ne revinrent jamais, et c'est pourquoi on n'enferme plus les femmes en règles.

Mythe chimu,
recueilli par Milciades Chaves

Les chamanes chimila

Les Indiens Chimila vivent dans une région selvatique isolée de Colombie, entre le bas rio Magdalena et la sierra Nevada de Santa Marta. L'ethnologue Gérard Reichel-Dolmatoff, qui les visita en 1944, les estime d'origine amazonienne.

Il y a de bons chamanes et il y en a de mauvais. C'est ce que disent les gens, et c'est vrai. Les bons chamanes soignent les malades et font venir la pluie, et quand ils meurent, ils sont comme nous quand nous mourons.

Les mauvais chamanes ne font pas comme les autres. Ils ne s'en vont pas quand ils meurent. Ils reviennent pour faire du mal, et comme ils ne peuvent revenir en hommes parce qu'on les reconnaîtrait, ils reviennent en tigres. C'est pourquoi, lorsqu'on va dans la forêt et qu'on rencontre un tigre, on se demande : est-ce un tigre, ou un chamane ?

Un jour, des hommes partis dans la forêt parvinrent devant une grande maison ronde à la tombée de la nuit.

– Dormons dans cette maison, dit l'un.

– On ne peut pas dormir là, dirent les autres, il y a un homme enterré dans cette maison.

Mais l'homme entra et se mit à dormir. Les autres restèrent dehors.

Au milieu de la nuit, survint un grand tigre qui tua l'homme endormi dans la maison.

– Celui qui est enterré ici est un

mauvais chamane, dirent les autres. Et ils s'enfuirent en courant.

Cité par Gérard Reichel-Dolmatoff

À la recherche du *nohotipé*

Fille de pauvres paysans vivant sur un affluent du rio Negro, Helena Valero est enlevée à l'âge de onze ans par les Indiens. Durant vingt-deux ans, elle partagera la vie de différentes tribus, notamment celle des Yanomami. Le témoignage émouvant de son aventure a été recueilli en 1962 par Ettore Biocca, alors en mission au Brésil.

Dans le *chapouno*, il y avait une femme malade. Les vieux *Chapori* avaient d'abord essayé de la soigner en la suçant et en chantant leurs chants. Ils disaient que le *nohotipé* de la femme s'était enfui et que c'était pour cela qu'elle était si malade. Cette maladie était *noréchi*. La femme se plaignait tout le temps. Alors ils construisirent sur la place du *chapouno* une sorte d'énorme gril, à environ un mètre de hauteur, avec de gros bâtons plantés dans la terre, sur lesquels ils en attachaient d'autres. C'était le nid de la harpie. Quelques hommes se peignirent de noir autour des yeux, autour de la bouche, sur la poitrine, sur les jambes ; ils tressèrent de longues feuilles d'*assaï* et se les pendirent derrière la tête comme un chignon : ils disaient qu'ainsi ils imitaient les harpies, ces grands oiseaux. D'autres se peignirent en noir autour de la bouche, aux yeux, sur les jambes. C'étaient les singes.

Au soir, après trois heures, ils allèrent presque tous chercher le *nohotipé*. Les harpies, avec leur cri : fio, fio…, des branches feuillues sous les bras, battaient l'air comme si elles avaient eu des ailes. La malade était restée avec peu de gens. Sur la grande entrée du *chapouno*, une femme répondait aux cris que faisaient de loin ceux qui étaient allés dans le bois et elle rappelait l'âme : « Regarde par ici, ici est notre maison. » Ceux qui faisaient les singes hurlaient, sautaient, agitaient les branches qu'ils tenaient dans les mains. Ceux qui s'étaient peints comme des loutres poussaient le cri de la loutre. Même les enfants suivaient les autres, peints comme de petits faucons. Le *touchawa* leur avait dit : « Vous serez les faucons qui regardent d'en haut, ce sont ceux qui trouvent le mieux ; vous, les singes, cherchez entre les branches. » Les femmes passaient les branches par terre comme si elles balayaient. Ils pensent qu'ainsi ils peuvent retrouver et pousser le *nohotipé* vers le *chapouno*. Beaucoup de femmes portaient leurs enfants dans les bras parce qu'elles craignaient que, si elles les laissaient à la maison, eux aussi pourraient perdre leur *nohotipé*. Après avoir fait un tour là où ils supposaient qu'aurait pu rester l'âme, ils rentrèrent dans le *chapouno*. Ils passèrent autour de tous les foyers et, avec des branches, ils balayèrent sous les hamacs, dans les coins ; ils éparpillèrent le feu ; ils firent encore une fois le tour ; quand ils rentrèrent, le *chapori* le plus important dit : « L'âme est en train de pleurer, à cet endroit où nous sommes allés un jour. » Tous coururent dans cette direction.

La malade n'allait pas mieux. Alors ils la prirent sur leurs épaules et l'amenèrent pour chercher avec elle son âme, pour la lui remettre dans le corps. Enfin ils retournèrent dans le *chapouno*, et un homme s'accroupit sur cet énorme gril qu'ils avaient préparé. Puis un autre sauta dessus, puis un autre encore : ils étaient les harpies et les singes. Ils mirent la malade entre eux et ils commencèrent à la frapper au visage avec les branches. Ils pensaient qu'ainsi le *nohotipé* rentrerait plus facilement dans le corps. Les singes restaient sur les bords du gril, sautant et criant : « Eih, eih », tandis que les harpies criaient « Fio, fio », en battant des ailes. Les femmes et les enfants, à mesure qu'ils rentraient, jetaient sur ce grand gril couvert de branches ce qu'ils avaient à la main. Ils disent que ce gril couvert de branches est le nid de la harpie. Tous s'accroupissaient dessus. Ils tournaient la malade, la soulevaient ; les harpies criaient : « Tac, tac », en donnant des coups sur le corps de la malade comme si elles tuaient des fourmis. D'après eux, les fourmis étaient montées dans le *nohotipé* quand il était perdu dans la forêt.

Enfin, une femme porta de l'eau dans une *couia* et quelques feuilles qui avaient une odeur très forte. Ce sont des feuilles qui naissent sur les nids de certaines fourmis qu'on appelle *kounakouna*. Elles agitèrent très fort ces feuilles dans l'eau, elles les passèrent sur le corps et sur la tête de la malade. La femme, petit à petit, commença à aller mieux : la bave ne sortait plus de sa bouche et elle ne gémissait plus.

Ils pensent également que l'âme de l'homme est ce grand oiseau harpie. Quand l'homme est malade, ils disent qu'il est peut-être tombé du nid, qu'il ne peut pas voler, que c'est pour cela qu'il est malade.

Ettore Blocca,
Yanoama,
Plon, 1965

Le bestiaire fabuleux

Les esprits animaux ou végétaux peuvent revêtir une apparence humaine et ne se distinguent en rien des Indiens ; là où les naturalistes du XIXe siècle voient un spécimen rare et précieux qui fera la richesse des collections européennes, les Indiens voient l'âme égarée d'un des leurs.

Origine de la couleur des oiseaux

Les hommes et les oiseaux s'allièrent pour détruire le grand serpent d'eau qui s'attaquait à tous les êtres vivants. Mais les combattants, pris de peur, s'excusaient les uns après les autres, prétextant qu'ils savaient seulement lutter sur la terre ferme. Enfin, le cormoran osa plonger, et blessa mortellement le monstre qui se tenait au fond de l'eau, enroulé autour des racines immergées d'un arbre énorme. En poussant des cris terribles, les hommes parvinrent à sortir le serpent de l'eau, l'achevèrent et le dépouillèrent. Le cormoran revendiqua la peau pour prix de sa victoire. Les chefs Indiens lui dirent ironiquement : « Mais comment donc ! Tu n'as qu'à l'emporter ! » – « Tout de suite ! » répondit le cormoran qui fit signe aux autres oiseaux. Ils foncèrent ensemble, chacun saisissant un coin de peau dans son bec, et ils s'élevèrent avec elle. Vexés et furieux, les Indiens sont devenus, depuis lors, les ennemis des oiseaux.

Les oiseaux se mirent à l'écart pour partager la peau. Ils convinrent que chacun garderait le bout qu'il tenait

dans son bec. Cette peau avait des couleurs merveilleuses : rouge, jaune, vert, noir et blanc, et elle s'ornait de dessins comme personne n'en avait jamais vu. Dès que chaque oiseau fut nanti du morceau auquel il avait droit, le miracle se produisit : jusqu'alors, tous étaient sombres, et voici qu'ils devinrent tout à coup blancs, jaunes, bleus… Les perroquets se couvrirent de vert et de rouge, et les aras, de plumes jusqu'alors inconnues, roses, pourpres et dorées. Au cormoran, qui avait tout fait, il ne resta que la tête, qui était noire. Mais il s'en déclara satisfait.

Cité par Claude Lévi-Strauss,
Le Cru et le Cuit,
Mythologiques I,
Plon, 1964

L'homme qui avait rêvé de caïman

Un jour, en se levant, un homme dit :
– J'ai rêvé de caïman.
– Comment ça, dirent les autres, raconte !

– J'ai rêvé que je marchais sur la plage et que je trouvais un gros œuf de caïman. Je le mangeai. Maintenant, j'ai peur que le caïman vienne me manger moi !
– Fais pas l'idiot, dit son frère, les caïmans sont des gens comme nous et il ne va pas te manger !
Le soir, le frère dit :
– Allons à la pêche.
– Moi je n'y vais pas, dit l'homme, parce que j'ai peur du caïman.
– Allons, dit son frère.
Et ils allèrent tous deux jusqu'au fleuve et se mirent à pêcher sur la plage. Alors un grand caïman sortit de l'eau, attrapa l'homme et l'avala. Mais, comme l'homme avait son arc et ses flèches, il

les avala aussi.

Quand il fut dans le ventre du caïman, l'homme dit :

– J'ai très faim et il n'y a rien à manger. J'ai soif et il n'y a rien à boire, je voudrais voir la lumière et je suis dans le noir.

Alors il entendit un singe qui chantait au-dehors.

– Si les singes chantent, c'est qu'il fait jour ! dit l'homme.

Il prit sa flèche et commença à piquer le ventre du caïman par-dedans.

Alors le caïman sortit de son trou et dit :

– Qui est-ce qui me pique comme ça ?

Et l'homme continua à le piquer encore et encore, si bien que le caïman se mit à courir en tous sens dans le fleuve. Et il toussait si fort qu'il dut ouvrir la bouche. L'homme mit aussitôt sa flèche en travers, de façon à l'empêcher de la refermer, et sortit en courant. D'un bond il tomba sur la plage, à moitié mort.

La nuit, il se réveilla et regagna sa maison. Quand il arriva, les gens étaient en train de boire la *chicha*. Son frère se leva pour le saluer.

Alors l'homme dit :

– Voilà ce qui se passe quand on rêve de caïman. Mais tu n'as pas voulu me croire !

Cité par Gérard Reichel-Dolmatoff

L'anaconda

Un jour que nous avancions énergiquement à la perche en longeant la rive gauche, Jack s'écria tout à coup : « Poussez au large, il y a un crocodile mort par là. » Regardant dans la direction qu'il m'indiquait, je vis aussitôt son erreur. Allongé dans l'eau et la vase, couvert de mouches, de papillons et d'insectes de toutes sortes, gisait le plus colossal anaconda que j'aie jamais pu voir même en rêve. Les dix ou douze pieds antérieurs de son corps, large comme une poitrine d'homme, reposaient sur la vase de la rive, le reste dans l'eau et une énorme boucle se repliait en S juste sous notre canot. J'ai souvent parlé de la longueur de ce reptile et j'ai bien rarement été cru ; il mesurait certainement cinquante pieds et peut-être soixante. Je ne l'ai pas mesuré, mais je pouvais l'estimer assez exactement. En effet, notre canot avait vingt-quatre pieds, la tête de la bête était à dix ou douze pieds de notre avant, sa queue à quatre bons pieds de notre arrière et le milieu dessinait un S immense, dont la longueur était celle de notre canot et la largeur cinq bons pieds.

J'étais à l'arrière et les fusils à l'avant ; je criai à Jack de tirer, mais le bruit qu'il fit en prenant son fusil dans les bagages effraya le reptile qui disparut dans un remous si formidable qu'il nous fit presque chavirer. Cette agilité à disparaître était surprenante dans un corps aussi gros et faisait un vif contraste avec la lourdeur de l'anaconda que nous avions tué. Quand je pense comment le corps décapité de ce dernier s'était enroulé autour de mes jambes et les avait presque brisées dans une dernière contraction de ses muscles, je me demande encore ce qui serait advenu de nous si cette bête énorme avait pris notre canot dans une de ses boucles. Le plus robuste des hommes est un fétu impuissant quand il est pris dans les anneaux d'un tel monstre.

Fritz W. Up de Graff,
Chasseurs de têtes de l'Amazone,
Plon, 1927

Bates et Wallace arrivent à Pará le 28 mai 1848. Bates y restera onze ans. Rentré en Angleterre, il rencontre Darwin ; celui-

ci l'encourage à écrire The Naturalist on the River Amazon, *qui le rendra célèbre. [...]*

Nous avions coutume de faire halte en terrain découvert, dans un endroit pas trop envahi de fourmis et à proximité de l'eau. C'est là que nous nous retrouvions après la pénible chasse matinale en forêt. Nous prenions alors à même le sol un repas bien gagné – deux larges feuilles de bananier en guise de nappe – et nous nous reposions quelques heures sous l'écrasante chaleur de l'après-midi... Nous pouvions alors observer quantité de gros lézards, mesurant un soixantaine de centimètres, de l'espèce que les indigènes appellent Jucuarú (*Teius teguexim*). Durant ces calmes heures méridiennes ; ils folâtraient bruyamment parmi les feuilles mortes, semblant se poursuivre les uns les autres... Le battement d'ailes léger des grands papillons morphos, bleus et noirs, au-dessus de nos têtes, le bourdonnement des insectes et de nombreux sons inanimés n'étaient pas étrangers à l'impression produite par cette étonnante solitude [...].

Tout en marchant, j'eus l'occasion de vérifier un aspect des mœurs d'une grosse araignée velue du genre mygale. L'incident mérite d'être rapporté.

Son corps mesurait environ 5 centimètres de long et ses pattes 18 centimètres. Le corps et les pattes étaient entièrement recouverts de gros poils gris et rougeâtres. Je fus attiré par un mouvement du monstre qui se tenait sur un tronc d'arbre, juste au-dessous d'une profonde cavité, au travers de laquelle s'étendait une épaisse toile blanche. La partie inférieure de celle-ci était déchirée

et deux petits oiseaux, des pinsons, y étaient empêtrés ; ils avaient à peu près la taille de notre chardonneret, et il devait s'agir du mâle et de sa femelle. L'un était déjà mort, l'autre agonisait sous le corps de l'araignée, tout enduit de l'immonde salive du monstre. Je chassai l'araignée et pris les oiseaux, mais le second ne tarda pas à mourir. J'ai surpris un jour les enfants d'une famille indienne qui collectaient pour moi des échantillons promenant l'une de ces hideuses bestioles dans leur maison, une corde attachée à la taille, exactement comme un chien...

Henry Walter Bates
The Naturalist on the River Amazon
Londres, 1863

A la rencontre des Yanomami

En 1949, l'expédition Orénoque-Amazone établit les premiers contacts pacifiques avec des groupes isolés d'Indiens Yanomami de la Sierra Parima. Mais les relations entre ce peuple et les «Blancs» vont se dégrader dans les années 1960. La Sierra Parima devient alors la terre de prédilection des chercheurs d'or et de diamant.

La Sierra Parima

«La Sierra Parima est un enfer impénétrable», nous avait-on dit à Paris, à Caracas, à Bogota.

«La Sierra Parima est un enfer absolument impénétrable», nous répétaient les fonctionnaires, les colons, les chercheurs de caoutchouc, de chicle, d'or ou de diamant et les coupeurs de bois de Puerto Ayacucho.

Le climat suffisait à décourager la plupart. Ceux qui l'avaient accepté renonçaient devant la surabondance de moustiques et de bêtes sauvages du haut Orénoque. Ceux, enfin, qui ne craignaient pas les bêtes sauvages et savaient se prémunir des moustiques reculaient devant les hommes de la montagne. Ils nous disaient «Guaharibos», puis reposaient leur verre sur la table et hochaient la tête en silence. Il y avait de quoi refroidir les plus grands enthousiasmes, mais on nous en avait tant dit déjà, depuis près de six mois que nous avions descendu la Cordillère des Andes, depuis plus d'un an que nous avions quitté l'Europe…

«Les Maquiritares, les Guaharibos», ainsi se nommaient les deux peuples que nous savions exister au milieu de cet «enfer». Si les Guaharibos terrorisaient tout le monde, les Mariquitares, au contraire, jouissaient tant à Ayacucho que sur toute la partie de l'Orénoque que nous connaissions d'une estime universelle. C'étaient, nous disait-on, des hommes vigoureux et travailleurs qui témoignaient, par la finition de tous les travaux qui leur étaient propres, d'un niveau de culture infiniment plus avancé que celui des tribus indiennes que nous avions jusque-là pu rencontrer : Guaharibos Piapocos ou Piaroas. Certains groupes de Maquiritares établis sur les plus hauts affluents de l'Orénoque entretenaient des rapports réguliers avec les colons et les chercheurs de caoutchouc de la forêt, leur prêtant de temps à autre leurs services, à l'instar des Piaroas, et tous étaient d'accord pour s'en louer. Les autres, qui constituaient la majorité de la tribu, continuaient à vivre aux sources des rivières descendant de la Parima leur vie de toujours, nus, peints et ornés de plumes, mais sans toutefois avoir jamais fait montre d'hostilité aux rares civilisés qui les avaient rencontrés au cours de leurs pérégrinations. […]

«Les Indiens que vous connaissez sont de pauvres arriérés, nous disait-on, allez donc voir les Maquiritares, c'est autre chose. Eux savent tisser de beaux hamacs, et tresser des paniers et des plateaux de vannerie couverts d'ornements et de dessins avec des signes, des animaux, des hommes, des grecques, des arabesques, eux savent danser et s'orner de belles couronnes de plumes; les hommes ont des arcs, des sarbacanes, des casse-tête magnifiques; les femmes se tissent des petits tabliers cache-sexe en verroterie de toutes les couleurs, de la verroterie qui date des Espagnols, et ils construisent d'immenses cases aux murs de pisé, avec de vraies portes et de vraies fenêtres, et ce sont les plus grands chasseurs de toute l'Amérique, ils ne manquent de rien, ils font le meilleur casabe que l'on puisse manger, aussi bon que du pain de blé!»

Ainsi la Sierra Parima était inconnue et tout le monde connaissait les Maquiritares, elle était un enfer et le pays des Maquiritares nous était dépeint comme le paradis des sauvages. Bien des fois nous nous sommes demandé, dans ces quelques jours que nous passâmes à Ayacucho avant de nous lancer dans la grande aventure, si réellement tous ceux avec qui nous déjeunions ou buvions une bière parlaient bien du même sujet.

Tout ce que nous entendîmes sur les Maquiritares cependant n'était nullement étonnant en comparaison de

ce que l'on nous apprit de leurs voisins les Guaharibos, les habitants du cœur de la Parima, les maîtres des sources de l'Orénoque, qui restent inconnues après que des expéditions venues des quatre coins du monde ont tenté de les atteindre, les Guaharibos, tueurs et mangeurs d'hommes, les Guaharibos, brutes des cavernes demeurées sur terre par un anachronisme de l'histoire, les Guaharibos dont le nom seul était suivi d'un long silence chez les plus basanés et couturés aventuriers du «monte» que nous rencontrions. [...]

En même temps que des Guaharibos, on nous parlait souvent aussi des Guaïcas, selon certains plus paisibles, selon d'autres plus féroces encore que leurs voisins, et qui, de l'avis de tous, vivaient d'une façon tout aussi primitive.

Première rencontre avec les Yanomami

Perdus dans la Sierra Parima avec Emiliano, leur guide Maquiritare, Alain Gheerbrant et Pierre Caisseau furent surpris en pyjama par un Yanomami, que les ethnologues appelaient alors Guaharibo. Intrigué par cette rencontre inattendue, celui-ci alerta les autres membres de la tribu.

Que nous fassions le moindre geste d'hostilité et la flèche prête quitterait sans bruit l'autre côté de la rivière pour venir se planter dans la poitrine de Pierre. Passa une de ces minutes que tout le monde sait être longues. Nous essayions de sourire. Il fallait recevoir très aimablement le plénipotentiaire.

L'homme avait lâché sa pagaie. Ce n'était pas une belle pagaie en forme de cœur comme celles des Maquiritares, mais un simple morceau de bois grossièrement aplati à une extrémité. Il nous regardait en écarquillant les yeux.

Ce n'était pas seulement un grand instant de notre vie, mais aussi de la sienne. Il trépignait en agitant son bras libre, il gloussait et parlait à la fois, il était tellement excité qu'il ne semblait plus très bien savoir pourquoi il était venu là. Enfin il se ressaisit et nous adressa un grand discours véhément, auquel, bien entendu, nous n'entendions pas un mot.

Pierre avait un paquet de cigarettes dans la poche de son pyjama. Il y porta lentement et prudemment la main, toujours soucieux de ne pas donner l'alarme au guerrier d'en face, qui continuait à le viser sans bouger. Il alluma une cigarette et la tendit au parlementaire.

– Euh! Euh! dit l'homme.

Il essaya maladroitement de la fumer, en mangea un morceau et le reste tomba à l'eau.

Il trépignait de plus belle. Il riait à grands éclats. Il faisait des signes de la main :

– Qu'est-ce qu'il dit? demandai-je à Emiliano.

– Il veut tout le paquet, mon vieux, et i'sait même pas fumer, l'cochon!

Emiliano n'avait jamais été aussi indigné de sa vie, mais Pierre tendit le paquet de cigarettes au Guaharibo :

– Euh! Euh!

Je lui tendis ma boîte d'allumettes.

– Euh! Euh!

Que voulait-il de plus? Il avait jeté les cigarettes et les allumettes dans le fond de la pirogue où tout était déjà noyé. Nous le regardâmes une seconde sans rien dire, un peu interloqués. Il trépignait de plus en plus. Les Guaharibos semblent avoir des machines nerveuses comme en voudraient bien, parfois, les civilisés. Il devenait furieux. Il tira sur sa branche pour se rapprocher encore de nous et tendit sa main libre vers la jambe de Pierre : il voulait nos pyjamas! Nous

aurions dû y penser plus tôt. Pierre quitta sa veste et la lui tendit. La colère disparut immédiatement de son visage. Il se remit à rire :

– Euh! Euh!

Je lui passai ma veste, à mon tour, puis nous quittâmes nos pantalons. Le guerrier, de l'autre côté de la rivière, détendit son arc. Le parlementaire avait nos deux pantalons de pyjama emmêlés sur la tête et continuait à rire comme un fou. Mais nous étions tout nus. Il devenait délirant de joie. Nous écartâmes les mains en signe d'impuissance : que pouvons-nous lui donner de plus! Il eut l'air de fort bien comprendre. Alors ce fut le moment de renverser la situation et nous nous y employâmes énergiquement, Pierre et moi. Nous nous penchâmes vers la pirogue en hurlant :

– Euh! Euh!

L'homme se pencha, ramassa son arc et nous le tendit docilement :

– Euh! Euh! répétions-nous.

Il nous tendit ses trois flèches : la flèche de guerre, à pointe de bambou, la flèche de grande chasse, qui n'est qu'une seconde flèche de guerre, et la flèche de petite chasse, à pointe d'os.

– Euh ! Euh !

Il leva tristement le bras : il ne lui restait plus rien, en dehors de nos pyjamas...

Alors nous pensâmes que nous avions faim : Catire et ses hommes avaient emporté toutes nos dernières provisions. Il ne nous restait rien à manger. Nous creusâmes l'estomac et le frappâmes à coups de poing en criant :

– Miam, miam!

Il eut l'air de comprendre.

– Crie-lui : Bananes! disions-nous à Emiliano.

Il fit de grands gestes de la main, décrivant un cercle sur la forêt pour revenir vers nous. Puis il montra le soleil et indiqua l'est. Enfin, il lâcha la branche à laquelle il se retenait depuis le début de cette mémorable entrevue et fila vers le rocher où attendait le guerrier.

La pirogue disparut bientôt au tournant de la rivière. Nous regagnâmes nos hamacs :

– Alors, dis-je à Emiliano; qu'est-ce qu'il a dit, il va nous apporter à manger?

– Penses-tu, répondit-il; il a dit qu'ils reviendraient demain, tous, toute la tribu. Faut pas croire que ça sera pour nous apporter des bananes. Ils nous prendront tout ce qui reste au campement. Ils nous laisseront tout nus et sans rien du tout. Et s'ils ne nous tuent pas, on aura de la veine!

Il prit son machete et la couverture de coton que nous lui avions donnée quelques jours avant – ses deux biens les plus précieux – et courut les cacher dans la forêt.

Alain Gheerbrant,
L'Expédition Orénoque-Amazone,
Gallimard, 1952

Pendant plusieurs mois, Alain Gheerbrant partage le quotidien des Yanomami. Il est le témoin privilégié d'un mode de vie, bientôt menacé. Il se souvient aujourd'hui de l'ambiance des campements, des pratiques chamaniques, des relations rituelles avec la tribu voisine des Yekuana.

Il n'existe pas au monde de campements plus animés ni bruyants que ceux des Yanomami malgré la frugalité de leur alimentation (une bouillie de banane plantain, agrémentée parfois d'une poignée d'insectes). C'est que les lianes hallucinogènes fournissent aux chamanes – et qui n'est pas plus ou moins chamane chez les Yanomami ?– la matière première d'une nourriture spirituelle si riche et si puissante qu'elle maintient ce peuple, en dépit de sa misère, dans un état d'exaltation perpétuelle. Les jeux, les mimes, les danses, les vociférants appels lancés aux esprits, les disputes, les luttes au corps-à-corps, souvent à coups de bâton, et toute cette agitation qui n'a de cesse rendent sans doute plus supportable la perpétuelle morsure de crabe qui tenaille ces estomacs jamais rassasiés.

Comment s'étonner de la réputation macabre qui poursuivra les Yanomami, bien au-delà de leur territoire ? Leur culture guerrière, certaine mais largement surévaluée, donnera lieu à des interprétations hâtives et faciles dont la plus caricaturale est celle de l'anthropologue américain Napoléon Chagnon qui connaîtra un succès mondial – puis une controverse de même ampleur – avec son livre *Yanomamo : The Fierce People* (*Yanomami, le peuple féroce*) publié en 1968.

Traditionnellement les Yanomami ne fréquentent que les membres d'une seule autre nation : celle des Makiritare ou Yekuana, grands navigateurs, descendants des Caraïbes, et qui détiennent, aux sources de ce château d'eau, la clé des seules voies d'accès au pays Yanomami. De ces deux proches voisins, dont les parcours, nécessairement, s'interpénètrent, l'un est aussi ordonné et industrieux que l'autre est inconstant et fantaisiste. J'écrivis, après avoir vécu chez les uns et chez les autres, que Yekuana et Yanomami dans la Sierra Parima étaient comme Romains et Barbares autour des Alpes. Il fallait bien que cessent un jour leurs guerres. Et ce jour me paraissait tout proche lorsque je constatai qu'en certains sous-groupes des échanges de femmes s'opéraient pacifiquement et que dans la conduite des grandes pirogues Yekuana avaient pris place des

Yanomami. Ceci se passait en 1950, après deux ans de forêt. Je quittai ce jour avec optimisme mes équipages où voisinaient en bonne entente des compagnons des deux ethnies. Mais je n'avais vu à l'époque que les signes annonciateurs de la fin d'une guerre mettant aux prises un groupe riche et un groupe pauvre, oubliant au passage les encouragements des chamanes – et des femmes – à l'affrontement incessant des guerriers entre eux.

J'oubliais surtout, hélas, les conséquences d'une tout autre guerre, celle dont le monde entier sortait à peine, et qui allait balayer en vingt ans avec la force d'une nouvelle Renaissance ce qu'avaient conservé de précolombien les peuples d'Amérique latine. Chose inattendue, ce fut l'étude des dangers de l'énergie atomique, d'une part, et la résolution bien américaine d'étendre au monde entier les bienfaits de l'« american way of life » qui allait entraîner en quelques lustres la mise à sac de la Sierra Parima et la disparition amorcée de ses habitants.

La Conquistad del Sur

Alain Gheerbrant quitte les Yanomami de la montagne au cours de l'année 1950. Les groupes parmi lesquels il a vécu sont alors isolés du monde des «Blancs». À cette époque, Puerto-Ayacucho, la capitale de l'Etat d'Amazonas au Venezuela, est la ville la plus proche du territoire yanomami de la Sierra Parima. Puerto-Ayacucho ressemble alors à une ville de Californie à l'époque de la conquête de l'Ouest.

Le sud du Venezuela, que l'on imagine comme un autre Western en était un bien sûr, avec sa capitale bâtie sur le néant, Puerto-Ayacucho, tournant le dos aux infranchissables rapides de l'Orénoque, ses rues poussiéreuses, ses « compradors » levantins qui achetaient

aussi bien des billes de bois précieux que de la poudre d'or contre des poignées de clous ou des chaussures de femme à talons aiguilles, et ses cavaliers sans visage, venus de nulle part et retournant vers nulle part.

Quelques heures par jour un groupe électrogène asthmatique permettait d'allumer quelques ampoules à la « tienda », le temps d'avaler quelques verres à la santé de « la conquista ». Il fallait que ça change et vite. A quatre petites décennies de là, le nouveau millénaire attendait un Venezuela moderne. Moins de quarante ans pour que la sierra Parima rende son or et que ses habitants cessent de se croire sur la lune : c'était jouable.

Puerto-Ayacucho devient dans les années 1960-1970 le point de départ d'une percée dans la forêt amazonienne vers le sud du Venezuela, et les plateaux de la Sierra Parima. La découverte d'importants gisements d'or et de diamant dans les années 1980 et 1990 sur ces terres attire des milliers d'étrangers. Cette présence massive met en péril l'existence du peuple Yanomami. Le gouvernement vénézuélien lance alors une campagne nationale intitulée « La Conquistad del Sur ».

L'aéroport de Puerto-Ayacucho fut modernisé, ses pistes aménagées pour l'atterrissage des plus lourds avions cargo. Vers le soleil levant on lança des amorces de routes asphaltées, tandis qu'à une heure de vol le génie ouvrait la forêt aux hélicoptères, dans une vaste clairière où policiers, médecins et infirmiers, agents de transmission, géologues et techniciens de toutes sortes furent bientôt installés dans des baraquements alignés au cordeau. Le camp de San Juan del Manapiare était né. On n'aurait même plus entendu une phrase d'espagnol dans ce camp si Caracas n'y avait parachuté un délégué apostolique.

A ce remue-ménage s'ajoutèrent, bien entendu, les missions évangélistes, jamais en reste, qui travailleraient dès lors à la destruction culturelle des Yanomami des hautes comme des basses terres.

La logistique de la « Conquistad del Sur » était prête et la mise en exploitation des terrains aurifères allait passer au stade industriel lorsque le bruit court qu'un orpailleur venait de trouver des diamants dans le Haut-Orénoque. Il n'en fallut pas plus. Le vieux mythe de Walter Raleigh qui couvait sous ses cendres depuis cinq cents ans ressurgit, plus aveuglant que jamais. L'El Dorado, c'était la Parima.

Ce fut un rush. Montant du Nordeste brésilien dont on sait la misère chronique, quarante à cinquante mille caboclos affamés – ethnie née à l'origine du métissage des Portugais et des femmes indiennes, main-d'œuvre corvéable à merci – surgirent sur la Parima, où ils se heurtèrent aux Yanomami. Et à ceci près que la Kalachnikov succédait à la Winchester, les rapports entre Indiens et Blancs redevinrent là ce qu'une certaine conception de l'histoire voulait qu'ils demeurent. Déjà l'incendie reprenait vers l'intérieur, dressant les uns contre les autres villages pacifiés et villages inconnus, lorsque les multiples virus qu'apportaient les garimpeiros des poubelles de l'histoire, se déversèrent sur les Yanomami, qu'un rhume de cerveau eût mis en danger, tant ils étaient dénués de défenses immunitaires. Et la mission que les pères salésiens avaient établie à leur contact sur le fleuve eût tôt fait de signaler l'apparition des premiers cas de rougeole.

Les Yanomami et la science moderne

Dans les années 1960, la nouvelle de ces épidémies attire l'attention d'un généticien américain, le professeur James Neel. Il voit les Yanomami comme un peuple ayant survécu grâce à un tempérament particulièrement agressif. Il organise une collecte de sang sous le prétexte d'une campagne de vaccination contre la rougeole des Yanomami, dans le but d'étudier leur capital génétique.

La nouvelle transmise dans le monde entier attira l'attention du professeur James Neel, généticien, professeur à l'université du Michigan et chercheur associé à la Commission américaine de l'énergie atomique (AEC). Son intérêt précipita brutalement le monde des Yanomami dans le monde moderne, car à l'invasion des chercheurs d'or s'ajouta celle, pas moins nocive, des chercheurs de microbes. Eugéniste à la façon de l'éthologue autrichien Konrad Lorenz, mais passant allègrement des oies aux hommes, Neel conclut que c'était l'agressivité des Yanomami qui avait «sauvé leur race». Si donc ces Yanomami, sauvages oubliés de l'histoire, étaient encore de ce monde et génétiquement prospères, c'était du fait de leur agressivité. Au contraire de l'humanisme missionnaire il conclut qu'il fallait encourager le maintien de leurs guerres intertribales grâce auxquelles la disparition des plus faibles entraînerait le regroupement des femmes autour des plus forts et donc la fertilité du groupe.

Dès lors, il n'hésita pas à penser que le sang de ces miraculés de l'histoire se prêterait parfaitement aux recherches génétiques conduites par l'AEC, pour renforcer les défenses immunitaires des soldats de l'Union. L'AEC sauta sur l'occasion : les Yanomami constituaient

une véritable trouvaille, 25 000 cobayes d'un coup, cela méritait un effort! Les recherches consistèrent notamment à comparer le sang des survivants des bombardements atomiques du Japon avec celui des Yanomami. Et pour cela il fallut des milliers d'échantillons. Et ce fut sous prétexte d'aider le Venezuela en entreprenant sans tarder une campagne de vaccination contre la rougeole, sans se préoccuper des ravages dont elle était capable sur un peuple aux faibles défenses immunitaires, que les laboratoires de l'AEC se procurèrent du sang Yanomami en quantité suffisante pour leur recherches. La commission prit en charge la totalité du financement de l'opération dont l'annonce fut aussitôt présentée aux Venezueliens comme une contribution volontaire de « la grande alliée du Nord » à la « Conquistad del Sur ».

C'est ainsi que débarqua sur l'Orénoque, courant 1968, Napoléon Chagnon, disciple du professeur Neel. Appliquant à la lettre les théories de son maître, Chagnon se fit le chantre d'une geste vantant les exploits des redoutables guerriers Yanomami dont la soi-disant férocité, désormais confirmée par la science, flattait la naïveté d'un public toujours friand d'horribles histoires. Aussi, le livre qu'il s'empressa de publier *Yanomami, the fierce people* (*Yanomami, le peuple féroce*) connut-il dès sa parution un succès qui en fit aussitôt le maître à penser de toutes les universités américaines.

Les vertus de Chagnon, habile publicitaire, ne s'arrêtaient pas à l'écrit. Pour les besoins de la cause, n'hésitant pas à engager ses propres deniers, maintenant que son livre lui avait apporté fortune et célébrité, comme le décrit Patrick Tierney dans son enquête *Au nom de la civilisation*. Il se mit à inviter reporters et

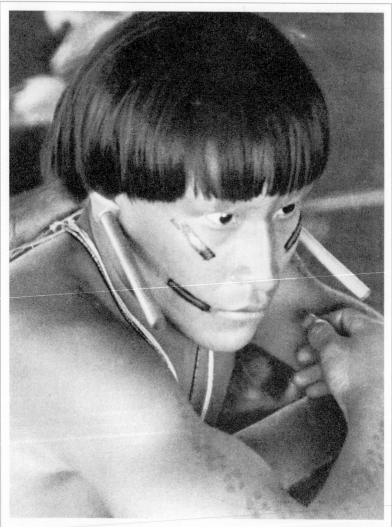

équipes de télévision, affrétant avion sur avion pour livrer à pied d'œuvre la quincaillerie avec laquelle il allait payer ses spectacles. Ainsi devint-il tout à la fois associé de chercheur d'or, imprésario et producteur, et porta jusqu'au cœur de l'Amérique profonde les combats jamais vus jusqu'alors de ces Indiens « survivants de l'âge de pierre ». On en demanda, on en redemanda. La mission de l'ethnologue ne se souciant plus de valeur scientifique, Chagnon jeta les fondations d'un Hollywood amazonien où des acteurs Yanomami, grassement payés en machettes, fers de hache, fusils de traite et bientôt en caméras, venaient interpréter des combats de son invention, dans des villages traditionnels construits pour la circonstance. Pour un cinéaste professionnel, la fiction n'est-elle pas toujours plus parlante que la réalité ?

Mais il n'y a pas de médailles sans revers. Les campagnes de vaccination étaient suspectées de développer l'épidémie au lieu de l'enrayer par suite de l'imprévoyance des équipes médicales qui utilisèrent des stocks de vaccins périmés sans efficacité… Si dans les maisons collectives circulaires, les *shabono*, on constatait un affaiblissement de la population, c'était, accusèrent les Yanomami, comme aurait pu dire Léonard de Vinci, que l'œil des caméras volait les âmes, et l'on se demanda à quelles opérations de haute magie pouvait servir tout ce sang qu'on mettait tant d'obstination à leur voler. Certes ils recevaient en échange des outils de fer bien plus efficaces que leurs outils de pierre ou de bois, mais le fer contre le sang, c'est la mort contre la vie. Associé à des chercheurs d'or et mêlé à des scandales politiques, Chagnon devait d'ailleurs être expulsé du territoire Yanomami par les autorités vénézuéliennes le 30 septembre 1993.

D'autres anthropologues avaient suivi, travaillant des deux côtés – vénézuélien et brésilien – de la Sierra Parima. Jacques Lizot, disciple de Claude Lévi-Strauss élabora ainsi en vingt ans de travail passés sur le haut Orénoque le premier dictionnaire Yanomami publié dès 1974 par l'Université centrale de Caracas.

C'est ainsi qu'oubliée pendant près de cinq cents ans, la Sierra Parima a brusquement cessé d'être une «tache blanche» dans la forêt amazonienne. Mais à quel prix ? Ce sont les Amérindiens qui ont payé de leur sang cette nouvelle «conquistad» comme ils avaient déjà payé les autres.

Retour sur L'Orénoque

L'intégration politique de groupes ethniques peut-elle se faire dans le respect des cultures précolombiennes survivantes ? En 1996, Alain Gheerbrant rapportait aux Indiens Piaroas de l'Orénoque le film qu'il avait tourné cinquante ans auparavant chez eux et qui constitue le seul témoignage complet d'un long rituel initiatique, pratiqué chaque année durant un mois lunaire, et dont dépendait la vie même du groupe. Voici ce que répondit le vieux chamane à l'issue de la projection :

«Il ne me reste presque plus d'années de vie et qui va recueillir ce savoir ? Je ne vois personne qui le puisse. On dit dorénavant que c'est à l'école qu'on étudie. Mais si on ne passe pas par la cérémonie d'initiation, alors on ne devient pas adulte. Ils resteront des enfants attirés par le chemin de l'argent. Le pouvoir que nous gérons n'a pas de forme matérielle, il ne se voit pas, il ne se touche pas et il est fait pour défendre les gens. Il est lié à la nature. Je ne vais pas durer longtemps. Ce pouvoir que donne la cérémonie, c'est du savoir pur, de la tête et du cœur, rien de matériel. Tandis que l'éducation qui permet de devenir instituteur ou infirmier, est hors de la culture. »

Alain Gheerbrant,
mars 2005

L'esprit de la forêt

Davi Kopenawa, chamane, guide spirituel et porte-parole des Yanomami, fait écho aux prémonitions de son voisin, le chamane piaroa (cf. infra p. 165). Il éclaire la relation de symbiose des Yanomami avec la forêt, et porte un regard critique sur l'exploitation des Blancs» qui mettent en péril l'équilibre écologique de la forêt. Il se réjouit aussi du rayonnement culturel grandissant de son peuple.

Dans son intervention au sommet entre l'Amérique latine et Caraïbes et l'Union européenne à Rio de Janeiro en 1999, Davi Kopenawa rappelle la symbiose qui unit son peuple à la forêt.

Pour nous, Yanomami, la forêt est très «importante», comme vous dites, parce que nous voulons continuer à y vivre. Cette forêt est belle et elle a le pouvoir de faire croître tout ce que nous mangeons. Vous, les Blancs, vous ne savez pas protéger la forêt. Vous ne savez que la maltraiter et la défricher. Nous, les Yanomami, nous sommes avisés et c'est pourquoi nous sommes amis avec la forêt. Comme vous dites dans votre langage, elle est «importante». Dans ma langue, celle que parlent mes ancêtres toujours, je dis qu'elle est belle, *totihi*, et que j'y suis attaché. Je veux la garder et je veux la défendre. Nous, Yanomami, nous voulons continuer à vivre sur notre terre. C'est dans cette forêt que nous faisons nos rites funéraires *reahu*, nos chasses rituelles *henimu*, que nous pêchons, que nous ouvrons nos jardins, que nous partons en voyage pour rendre des visites d'un village à l'autre, que nous allons en expédition collecter des fruits sauvages. C'est dans cette forêt que le gibier que nous mangeons se reproduit et que les

fruits poussent. C'est pour cela que nous gardons dans nos pensées que la forêt est «importante».
Nous, chamanes, nous connaissons vraiment la forêt après avoir inhalé l'hallucinogène qui vient de ses arbres. Nous faisons danser les esprits de la forêt et tous les autres esprits chamaniques. Nous les voyons avec nos propres yeux. Lorsque nous «mourons» sous l'effet puissant de la poudre *yãkõana*, nous voyons l'image surnaturelle de la forêt. Nous voyons l'esprit du ciel, comme nos ancêtres l'ont vu avant nous. Nous n'étudions pas et nous n'allons pas à l'école comme les Blancs. Les Blancs ne font que mentir à propos de la forêt. Ils ne la connaissent pas comme nous. Ils pensent des mensonges qu'ils dessinent ensuite sur des «peaux/écorces» de papier. Nous, nous ne connaissons pas de papiers à propos de la forêt, pas de papiers à propos du monde, pas de cartes à propos de nos terres. Nous ne manquons pas de respect au ciel et à la forêt en les transformant en écritures. Nous sommes avisés et nous respectons les choses. Les Blancs n'ont pas de sagesse et ils manquent de respect à l'esprit du ciel et à la forêt en ne faisant qu'écrire à leur propos sur du papier. Nous, Yanomami, nous les connaissons

vraiment. Lorsque nos anciens font du chamanisme, nous, les plus jeunes, nous les suivons et nous voyons les choses. Nous voyons l'esprit de la lune, son image surnaturelle. Nous voyons l'image surnaturelle du soleil, des étoiles, du ciel, de la terre. Nous ne connaissons aucun dessin d'écriture sur du papier, mais nous avons notre propre connaissance et ses mots demeurent dans notre pensée.

Ethnies documents n°24-25
Extrait de la déclaration de
Davi Kopenawa au Sommet de Rio de
Janeiro. Traduction du Yanomami par
Bruce Albert.

Dans le cadre de l'exposition Yanomami, l'esprit de la forêt, *à la Fondation Cartier, sous le haut patronage de Survival France en 2003, Davi Kopenawa, lors d'une conférence, se réjouit que la culture Yanomami puisse être découverte et défendue par un public de plus en plus large.*

[...] Vous allez pouvoir nous connaître. Vous allez commencer à penser droit à propos des Yanomami en voyant leurs images de près. Ce sont des images qui viennent de notre village[1]. Vous ne pouvez pas penser droit si vous entendez parler de nous simplement de très loin. Il faut que vous voyiez nos images directement pour pouvoir savoir qui nous sommes, pour que vous pensiez : «Ah oui, c'est vrai, c'est comme ça que sont les maisons des Yanomami», parce que nous ne vivons pas dans des maisons comme les vôtres. Nous sommes des vrais habitants de la forêt. Nous sommes des enfants d'Omama[2], il nous a laissés dans cette forêt et nous voulons continuer à y vivre. Là où il nous a créés, au premier temps. C'est Omama qui a planté les arbres, qui a façonné les rivières et les montagnes, c'est là que

nous voulons vivre, que notre pensée est fixée. Il y a d'autres Blancs qui sont nos voisins et qui disent : « les Yanomami sont arriérés». Nous ne voulons pas entendre ces paroles. Ce n'est pas nous qui détruisons la terre; nos Anciens nous ont dit qu'il fallait prendre soin de la forêt. Parce que s'il n'y avait pas de collines, de rivières, de forêts, nous mourrions de faim. La forêt, c'est là aussi où sont nos esprits. On y ouvre des jardins, on y plante des palmiers raxa, des bananiers, il y a aussi des cours d'eau et des lacs avec du poisson, il y a du gibier partout. S'il n'y avait pas de forêt, nous ne pourrions rien cultiver. Les nourritures ne poussent que quand la forêt est en bonne santé. Nous vivons dans cette forêt depuis le début du temps et elle est toujours en bonne santé. Si on la détruit, nous mourrons de faim. C'est pour cela que je souhaite vous dire que nous voulons continuer à vivre dans cette forêt. Vous êtes ici sur votre terre et nous souhaitons continuer sur la nôtre. Et je vous parle à vous, à vos enfants et à tout le monde pour que vous compreniez cela. Quand vos ancêtres étaient très loin de notre terre, nous y vivions déjà, bien avant qu'ils aient entendu parler de nous. Nous n'avons pas de gouvernement, notre gouvernement c'est Omama. On se soigne avec l'aide des chamanes qui font descendre les esprits, on inhale la yãkoana (poudre hallucinogène), mais maintenant, comme les Blancs nous ont apporté leurs maladies, on doit faire travailler leurs médecins pour qu'ils nous soignent aussi, avec nos chamanes. [...]

Les Nouvelles de Survival n° 52, hiver 2003, © Survival International (France)

1. Le village de la «montagne du vent», au nord du Brésil, près de la frontière avec le Venezuela.
2. Omama est le créateur de l'humanité actuelle et de ses règles culturelles.

BIBLIOGRAPHIE

Ouvrages généraux
- *L'Art de la plume*, catalogue d'exposition, Muséum national d'histoire naturelle, Paris, printemps-été 1986.
- *Brésil indien*, catalogue de l'exposition, Galeries nationales du Grand Palais, Paris, 2005.
- «Brésil», revue *Autrement*, dossier 44, Paris, novembre 1982.
- «Brésil», numéro spécial de la revue *Les Temps modernes*, nº 491, Paris, juin 1987.
- Duviols, Jean-Paul, *L'Amérique espagnole vue et rêvée : les livres de voyages de Christophe Colomb à Bougainville*, Promodis, 1986.
- Englin, Jean et Théry, Hervé, *Le Pillage de l'Amazonie*, Maspéro, Paris, 1982.
- *L'Esprit de la forêt*, catalogue de l'exposition, Actes sud-Fondation Cartier pour l'art contemporain, 2003
- Frey, Peter, *Amazonie*, Payot, Paris, 1985.
- Freyre, Gilberto, *Maîtres et esclaves*, Gallimard, Paris, 1952.
- Galeano, Eduardo, *Les Veines ouvertes de l'Amérique Latine*, Pocket, Paris, 2001.
- *Handbook of South American Indians*, Smithonian Institution, Bureau of American Ethnology, Washington, 1950 (6 volumes).
- Jaulin, Robert, *Le Livre blanc de l'ethnocide en Amérique*, Fayard, Paris, 1972.
- Lepargneur, François, *L'Avenir des Indiens au Brésil*, Le Cerf, Paris, 1975.
- Lévi-Strauss, Claude, *L'Anthropologie structurale*, Plon, Paris, 1958.
- Lévi-Strauss, Claude, *Tristes Tropiques*, Plon, Paris, 1955.
- Lizot, Jacques, *Les Yanomami centraux*, Ed. de l'EHESS, 1984, paris, pp. 233-258.
- Mauro Frédéric, *Histoire du Brésil*, «Que sais-je?», PUF, Paris, 1980.
- Métraux, Alfred, *Les Indiens d'Amérique du Sud*, éd. A.-M. Métailié, Paris, 1982.
- Métraux, Alfred, *Religions et magies indiennes*, Gallimard, Paris, 1967.
- Niedergang, Marcel, *Les 20 Amériques latines*, Le Seuil, Paris, 1962.
- Tierney, Patrick, *Au nom de la civilisation*, Grasset, Paris, 2000.
- Todorov, Tzvetan, *La Conquête de l'Amérique : la question de l'autre*, Paris, Seuil, 1982

Récits de voyageurs et monographies
- Bidou, Henry, *900 Lieues sur l'Amazone*, Gallimard, Paris, 1938.
- Biocca, Ettore, *Yanoama*, Plon, Paris, 1968.
- Clastres, Pierre, *Chroniques des Indiens Guayakis*, Plon, Paris, 1972.
- Crevaux, Jules, *Le Mendiant de l'Eldorado : de Cayenne aux Andes 1876-1879* (reportages parus à l'époque dans la revue *Le Tour du monde*), Phébus, Paris, 1987.
- Descola, Philippe, *Les Lances du crépuscule*, Terre Humaine, Plon, Paris, 1993.
- Gheerbrant, Alain, *L'Expédition Orénoque-Amazone*, Gallimard, Paris, 1952.
- Humboldt, Alexander von, *Voyage dans l'Amérique équinoxiale*, Maspéro, Paris, 1980.
- Huxley, Francis, *Aimables Sauvages*, Plon, Paris, 1960.
- Jaulin, Robert, *La Paix blanche*, 10/18, Paris, 1974.
- Kerjean, Alain, *Un sauvage exil : Jacques Lizot, vingt ans parmi les Indiens Yanomamis*, Seghers, Paris, 1988.
- La Condamine, Charles Marie de, *Voyage sur l'Amazone*, FM/La Découverte, Paris, 1981.
- Lizot, Jacques, *Le Cercle des feux, faits et dits des Indiens Yanomamis*, Le Seuil, Paris, 1976.
- Reichel-Dolmatoff, Gérard, *Desana, le symbole universel*, Gallimard, Paris, 1973.

L'Amazonie dans la littérature
- Andrade, Mario de, *Macounaïma, le héros sans aucun caractère*, Paris, 1979.
- Amado, Jorge, *Terre violente*, Nagel, 1946.
- Callado, Antonio, *Mon pays en croix*, Le Seuil, Paris, 1971.
- Carpentier, Alejo, *Le Partage des eaux*, Gallimard, Paris, 1955.
- Castro, Ferreira de, *Forêt vierge*, trad. Blaise Cendrars, Grasset, Paris, 1938.
- Cendrars, Blaise, *Histoires vraies : en transatlantique dans la forêt vierge*, Grasset, Paris 1936.
- Doyle, sir Arthur Conan, *Le Monde perdu*, Gallimard, Paris, 1979.
- Gallegos, Romulo, *Dona Barbara*, Gallimard, Paris, 1951.
- Michaux, Henri, *Ecuador, Journal de voyage*, Gallimard, Paris, 1929.
- Ribeiro, Darcy, *Maira*, Gallimard, Paris, 1980.
- Rivera, José Eustacio, *La Voragine*, trad. G. Pillement, Rieder, Paris, 1934.
- Souza, Marcio, *l'Empereur d'Amazonie*, Lattès, Paris, 1983.
- Souza, Marcio, *Mad Maria*, Belfond, Paris, 1986.
- Verne Jules, *La Jaganda, Huit Cents Lieues sur l'Amazone*, Hetzel et Cie, Paris, 1881.
- Verne, Jules, *Les Voyages extraordinaires*, Hetzel et Cie, Paris, 1898.

CHRONOLOGIE

1492   Découverte de l'Amérique par Christophe Colomb.

1493   Bulle *Inter coetera* du pape Alexandre VI Borgia, concédant au Portugal toutes les terres à découvrir en deçà du méridien des Canaries, et à l'Espagne les terres au-delà.

1494   *Traité de Tordesillas* entre l'Espagne et le Portugal, qui déplace de 310 lieues vers l'ouest la frontière fixée par la bulle papale, modifiant légèrement au profit du Portugal ses stipulations.

1497-1500   Voyages d'Amerigo Vespucci. Il reconnaît les côtes de Colombie et du Venezuela, et atteint les bouches de l'Orénoque.

1500   L'explorateur portugais Pedro Alvares Cabral découvre le Brésil; Vicente Pinzón, pilote de Christophe Colomb, reconnaît les bouches de l'Amazone.

1513   L'Espagnol Vasco Nuñez Balboa traverse l'isthme de Panama. Il est le premier à voir le Pacifique.

1519-1520   Magellan effectue le premier tour du monde et contourne l'Amérique.

1520   Le pape Léon X excommunie le moine Luther.

1519-1526   Conquête du Mexique par Hernan Cortés.

1526   Jean Giovanni Cabot remonte le fleuve Paraguay.

1526-1535   Conquête du Pérou par Francisco Pizarro et Diego de Almagro.

1537   Francisco de Orellana fonde la ville de Guayaquil.

1538   Diego de Almagro est garotté sur ordre de Francisco Pizarro.

1541   Expédition dite «de la cannelle».

1541   Etablissement de la carte du mathématicien et géographe Gerardus Mercator, qui distingue l'Inde de l'Amérique.

1542   Orellana atteint les bouches de l'Amazone le 24 août. Las Casas obtient de Charles Quint la promulgation des *Nuevas Leyes*.

1548   Mort de Gonzalo Pizarro, décapité.

1555-1565   Rio de Janeiro, capitale du projet avorté d'une «France antarctique».

1560   Expédition de Pedro de Ursúa. Rébellion de Lope de Aguirre.

1593-1595   Expéditions du capitaine Lawrence Keymis et de Walter Raleigh en Guyane.

1612-1615   La France équinoxiale au Marañhao.

1617-1618   Deuxième expédition de Walter Raleigh en Guyane; la même année, il est décapité.

1624   Premier établissement français en Guyane.

1637-1638   Le capitaine Pedro de Texeira remonte l'Amazone, de Pará (Belém) à Quito.

1638-1639   Deuxième descente de l'Amazone, de Quito à Pará, par Texeira et le père Acuña.

1640-1668   Rivalités franco-anglo-néerlandaises en Guyane.

1641   Publication de *La Nouvelle Découverte du grand fleuve des Amazones* par le père Acuña, à Madrid.

1669   Fondation de Barra (future Manáos).

1682   Traduction française de la relation du voyage d'Acuña.

1717   Publication à Paris de la carte du cours de l'Amazone, établie par le père Fritz en 1690.

1743   Charles Marie de La Condamine descend l'Amazone.

1754   Expulsion des Jésuites du Brésil.

1770   Joseph Priestley invente la gomme à effacer.

1783-1792   Voyage du naturaliste portugais Alexandre Rodriguez Ferreira.

1799-1800   Voyage d'Alexander von Humboldt et d'Aimé Bonpland depuis l'Orénoque jusqu'au rio Negro par le canal Casiquiare.

1817-1820   Les savants allemands Johann Baptist von Spix et Kart Friedrich Martius remontent l'Amazone et explorent le Japurá et le Madeira.

1822   Proclamation de l'indépendance du Brésil.

1823   Charles Mackintosh invente le tissu imperméable.

1826-1834   Voyage d'Alcide d'Orbigny en Amérique du Sud.

1839   Goodyear invente la vulcanisation du caoutchouc.

1840-1844   Voyage des frères Robert et Richard Schomburgk, explorateurs allemands, dans les Guyanes.

1848   Alfred Russel Wallace et Henry Walter Bates partent pour l'Amazonie.

1850   Barra prend le nom de Manáos et devient capitale de province,

1888   John Boyd Dunlop invente le premier pneu à valve.

1890   Création de la Booth Line assurant le trafic maritime entre Liverpool et Manáos.

1892   Edouard Michelin invente le pneu démontable.

1896   Inauguration de l'opéra de Manáos.

1910   Le général Rondon fonde le Service de protection des Indiens.

1911-1913   Voyage de Roraïma à l'Orénoque par Koch-Grünberg.

1913 Des graines d'hévéa sont transportées en cachette en Malaisie; banqueroutes à Manáos.
1924-1925 Hamilton Rice explore la Guyane brésilienne : Rio Branco, Braricoera. Parima…
1948-1950 Expédition Orénoque-Amazone : première traversée de la Sierra Parima par Alain Gheerbrant, Pierre Gaisseau, Luis Saenz, Jean Fichter.
1972 La FUNAI succède au SPI.
1975 Création du Conseil indien d'Amérique du Sud.
1988 Nouvelle constitution du Brésil : droit des Indiens à posséder les terres sur lesquelles ils habitent et à jouir de l'usufruit exclusif des richesses qu'elles recèlent.
1992 Une réserve de 96 000 km² est octroyée par décret aux Indiens Yanomami du Brésil.
1999 Nouvelle constitution du Venezuela qui donne pour la première fois une représentativité politique aux Indiens. Le «jour de la race» qui célèbre chaque 12 octobre, dans tout le monde ibéro-américain, l'arrivée de Christophe Colomb aux Amériques est aussi rebaptisé par le président vénézuélien Hugo Chavez «jour de la résistance indigène».

TABLE DES ILLUSTRATIONS

COUVERTURE

1er plat Sauvages Goyanas. Vue de la forêt vierge près de la source du lac Dos Patos, gravure de J.-B. Debret, 1834. Bibl. nationale, Rio de Janeiro.
dos Indien Puri dans la forêt (détail), lithographie italienne, vers 1820.
2e plat Couple yanomami, Venezuela, 2001.

OUVERTURE

1-9 Expédition de Jules Crevaux, lithographies in *Le Tour du monde*, 1880-1881.
11 Bateau naviguant sur l'Amazone, 1990-2000, Brésil.

CHAPITRE I

12 Carte de l'Amérique du Sud, 1558, British Library, Londres.
13 Scène de la barbarie féminine, gravure in *Les Singularités de la France antarctique*, André Thevet, Paris, 1558.
14 Portrait de Francisco Pizarro, peinture. Musée national du château, Versailles.
15h Vue de la cordillère des Andes près de Quito en Equateur, voyage d'Alexander de Humboldt dans les cordillères de l'Amérique, aquarelle. Service historique de la marine, Paris.
15b Marchand de cannelle, dessin, XVe s. Bibliothèque Estence, Modène.
16 Armée en marche, gravure colorée, XVIe s. in *Historia Americae*, Théodore de Bry, Francfort, 1596.
17h A travers les Andes, gravure in *Historia Americae*, Théodore de Bry, Francfort, 1602.
17b Enseigne de l'armée espagnole, gravure XVIe siècle.
18h Pizarro lance les chiens, gravure colorée in *Historia Americae*, Théodore de Bry, Francfort, 1602.
18b Habitant du Brésil, gravure colorée du XVIe s.
19 Vie des Indiens avant la conquête, gravure anonyme du XVIe s. Bibliothèque Forney, Paris.
21 Indiens Napo, lithographie colorée anonyme du XIXe s.
22h Campement d'Indiens Napo, lithographie colorée anonyme du XVIe s.
22b Construction d'un bateau, gravure in *Historia Americae*, Théodore de Bry, Francfort, 1602.
23 Espagnols attaquant un village indien, gravure anonyme du XVIe s.
24/25 Carte de l'Amérique du Sud, par Joan Martinez, 1587. Biblioteca Nacional, Madrid.
26h Rencontre des Amazones, gravure in *Les Singularités de la France antarctique*, André Thevet, Paris, 1558.
26b Instruments de musique indiens, gravure in *Histoire naturelle civile et géographique de l'Orénoque*, Joseph Gumilla, XVIIe s.
27 Une amazone, gravure, in *Cosmographie*, Maillet, 1685.
28h Tambour de guerre, gravure in *Histoire naturelle civile et géographique de l'Orénoque*, Joseph Gumilla, XVIIe s.
28b Portrait de sauvages au combat, gravure in *Histoire d'un voyage fait en la terre du Brésil*, Jean de Léry, La Rochelle, 1575.
29 La côte brésilienne, gravure colorée in *Historia Americae*, Théodore de Bry, Francfort, 1602.
30 Portrait de Charles Quint, peinture du Titien. Madrid, musée du Prado.
31 Mort de Gonzalo Pizarro, gravure anonyme du XVIIIe s.
32/33 Vue aérienne du delta de l'Amazone, photographie de Bruno Barbey.
34/35 Enfer vert, photographie de Bruno Barbey. Vue du fleuve, photographie de Collart-Odinetz.
36/37 Un campement dans la forêt tropicale, photographie de Nino Cirani. Vue de Santarem, photographie.

CHAPITRE II

38 Mappemonde XVIe s., Bibl. nat., Paris.
39 Frontispice de l'Amérique, gravure colorée in *Encyclopédie*

des voyages, Grasset de Saint Sauveur. Bibliothèque des arts décoratifs, Paris.
40h Combat d'Amazones, toile imprimée dite de Sion, Italie du Nord, XIVe s. Historisches Museum, Bâle.
40b Pierre gravée représentant une Amazone.
41 Amazone, gravure in *Histoire des Amazones anciennes et modernes*, abbé Guyon, XVIe s., Bibl. nat., Paris.
42 L'homme doré, gravure in *Historia Americae*, Théodore de Bry, 1590.
43 Carte de la Guyane et de la région de l'Amazone, Amsterdam, 1630.
44h Portrait de Walter Raleigh. National Gallery, Londres.
44/45 Raleigh recevant des Indiens, gravure anonyme du XVIe siècle. British Museum, Londres.
46 Tivitiva vivant sur les arbres, gravure in *Voyages de Raleigh*, édition de Hulsius, Nüremberg 1599.
46b Blemmis aliusque monstruosia gentibus, gravure in *Fables d'Esope*, S. Brant, édition de 1501.
47 Ewaipanoma, gravure in *Voyages de Raleigh*, édition de Hulsius, Nüremberg, 1599.
48 Le père espagnol Ferrer martyrisé par des sauvages américains en 1611, dessin coloré in *Recueil des martyrs jésuites*. Bibliothèque

du château de Chantilly.
49 Martyre d'un missionnaire, gravure anonyme du XVIIIe s.
50h Plan de la ville de Quito, gravure in *Voyage de La Condamine*, 1751.
50b Habitant de Quito, dessin coloré, XVIIe s.
51 Animaux du Nouveau Monde, gravure in *Voyage autour du monde*, Woodes Rogers, Amsterdam, 1716.
52/53 Vie des Indiens, gravure in *Histoire d'un voyage fait en la terre du Brésil*, Jean de Léry, La Rochelle, 1575.
54/55 Tableau des principaux peuples de l'Amérique, gravure colorée, Grasset de Saint Sauveur, XVIIIe s. Bibl. nat., Paris.
56 *Tabac*, aquarelle de Dürer. Musée Bonnat, Bayonne.
57 Combat naval entre Français et Portugais, gravure in *Historia Americae*, Théodore de Bry, Francfort, 1602.

CHAPITRE III

58 Faune et flore de l'Amazonie, lithographie du XIXe s.
59d Manière de construire un canoë, lithographie anonyme du XIXe s.
60g Portrait de La Condamine, aquarelle de Carmontelle, XVIIIe s. Musée de Condé, Chantilly.
60d Page de titre du journal de voyage de La Condamine.
61d Ancienne Amazone, lithographie colorée, Grasset de

Saint Sauveur, XVIIIe s.
61g Les gorges de l'Amazone, gravure in *Histoire de l'Académie des sciences*. Bibliothèque de l'Institut, Paris, 1745.
62h Humboldt en Amérique du Sud, lithographie d'après la peinture de Georg Weitsch, 1806.
62b *Rhexia Sarmontosa*, lithographie, XVIIIe s.
63 Voyage de Humboldt : passage du Quindiu par les cordillères des Andes, gravure XIXe s. Service historique de la marine, Vincennes.
64 Radeau de Humboldt et Bonpland sur l'Orénoque, gravure anonyme du XIXe s.
65 Le canal Casiquiare, photographie de Mc Intyre. Arlington.
66h Planches de papillons dessinés par Henry Walter Bates. Natural History Museum, Londres.
66b Poisson découvert par Wallace durant son voyage sur le rio Negro, lithographie. Natural History Museum, Londres.
67b Portrait de Wallace, peinture du XIXe s.
67h Planches de papillons dessinés par Henry Walter Bates. Natural History Museum, Londres.
68h Boa, dessin in *Univers ou histoire et description de tous les peuples*, tome II, Ferdinand Denis, 1938.
68b Boa, dessin in *Reise in Brasilien*, Spix et Martius, 1820.
69 Charles Bates

capture un crocodile, lithographie colorée du XIXe s.
70/71 Dessin in *Viagem fillosofica*, Alexandre Rodriguez Ferreira, Lisbonne, XVIIIe siècle, hg Indien du rio Branco.
hm Indien Uerequena hd Indien Uaupès.
bg Indien Cambera.
bm Indien Mirauha.
bd Indien Maùa.
72 Dessin in *Viagem fillosofica*, Alexandre Rodriguez Ferreira, Lisbonne, XVIIIe s., hg Perruche, hd Paresseux.
bg Atèles, bd Singe hurleur.
73 Dessin in *Viagem fillosofica*, Alexandre Rodriguez Ferreira, Lisbonne, XVIIIe s., h Pécari.
m Tamanoir.
b Singe.
74 Dessin in *Viagem fillosofica*, Alexandre Rodriguez Ferreira, Lisbonne, XVIIIe s., hg Perruche, hd Piranha.
bg Garga-Granca-Pequena, bd Coq de roche.
75 Dessin in *Viagem fillosofica*, Alexandre Rodriguez Ferreira, Lisbonne, XVIIIe s., h Mata Mata.
m Morocoy.
b Jacaretinga.

CHAPITRE IV

76 Forêt vierge, lithographie, 1911.
77d Hommes d'affaires de Manáos, photographie anonyme du XIXe s.
78 Récolte du caoutchouc, gravure

anonyme du XVIe s.
79h Seringue en caoutchouc des Indiens omagas, dessin in *Viagem fillosofica*, Alexandre Rodriguez Ferreira, Lisbonne, XVIIIe s.
79b *Hevea brasiliensis*, lithographie, XIXe s. Natural History Museum, Londres.
80 Affiche Michelin.
81h Affiche publicitaire Dunlop.
81b Grand laminoir, lithographie du XIXe s.
82 Récolte du caoutchouc. photographie anonyme du XIXe s.
83 Fumaison du caoutchouc, photographie anonyme du XIXe s.
84/85 Flottaison et stockage, photographie anonyme du XIXc s,
86h Intérieur du théâtre de Manáos, photographie, Société de géographie, Paris.
86b Chemin de fer à Manáos, photographie, Société de géographie, Paris.
87 Hommes d'affaires brésiliens, photographie, XIXe s.
88/89 Port de Manáos, photographie anonyme, XIXe s.
89b En première classe sur l'Amazone, photographie, XIXe s.
90/91 Installations de la ligne de chemin de fer Madeira-Mamoré, photographies anonymes.
92h Portrait de Suarez, photographie, XIXe s.
92b Maison coloniale en Amazonie, photographie, XIXe s.

93 Trafic sur l'Amazone, photographie, XIXe s.
94/95 Reportage sur les camps d'Indiens sur le Putumayo paru dans *Illustrated News*, 20 juillet 1912.

CHAPITRE V
96 Cabane des Indiens Puri, lithographie colorée, vers 1820.
97 Iguane, lithographie colorée in *Reise in Brasilien*, Spix et Martius, 1820.
98h Construction d'une pirogue, gravure du XIXe s. Bibl. du Muséum, Paris.
99b Armes des Indiens, lithographie colorée in *Reise in Brasilien*, Spix et Martius, 1820.
100/101 Indiens Botocudo, lithographie italienne, vers 1820.
102/103 Indiens Puri dans la forêt, lithographie italienne, vers 1920.
104/105 Danse des Indiens Camacan, lithographie italienne, vers 1820.
106 Boucanage d'un tapir, lithographie de Rioux in *Le Tour du monde*, 1880.
107h Manière de priser chez les Ouïtoto, lithographie de Rioux in *Le Tour du monde*, 1880.
107b Dessin de Ferreira in *Viagem fillosofica*, Lisbonne, XVIIIe s.
108b Coiffe de plumes. Musée de l'Homme, Paris.
108 h Danse des sauvages de la mission de San José,

lithographie de J.-B. Debret, 1834.
109 Signal du combat donné par le chef Camacan, lithographie de J.-B. Debret, 1834.
110 Maison des Indiens Cuructu, dessin in *Viagem fillosofica*, Alexandre Rodriguez Ferreira, Lisbonne, XVIIIe s.
111h Chez les Indiens Tecuna, in *Reise in Brasilien*, Spix et Martius, 1820.
112/113 Différentes formes de huttes des sauvages brésiliens, lithographie de J.-B Debret, 1834. Bibl. nat. de Rio de Janeiro, Brésil.
114 Les Yanomami, photographie de Yann Garcia-Benitez.
115 Dans la Sierra Pelada, les garimpeiros, photographie de Cirani.
116-117 Carte de l'Amazonie. Infographie d'édigraphie, Rouen.
118-119 La déforestation au Brésil.
120 Le barrage géant de Tucurui, Brésil.
121 La pêche au pirarucu, lithographie anonyme.
122 Portrait d'Indien, photographie de Dutilleux.
123 Le général Rondon, photographie, Société de géographie, Paris.
124 Les jeux olympiques indiens au Brésil, 2003. Épreuve de tir à l'arc.
125 Le chef des Indiens Kayapo, Raoni, lors d'une conférence de

presse vers 1989.
126 Transamazonienne, photographie Peter Frey.
127 Amérindiens du Brésil à la chambre des députés de Brasilia le 19 avril 2004.
128 Enfants indiens d'un village forestier, dans un canoë sur l'Amazone. Brésil, 1986.

TÉMOIGNAGES ET DOCUMENTS
130 Exploitation des fleuves, gravure coloriée in *Brevis narratio...*, Théodore de Bry, 1563.
131 Mappemonde de Sébastien Cabot, XVIe s. Bibl. nat., Paris.
132/133 Costumes de l'armée espagnole, gravure XVIe s.
135 Mme Godin des Odonnais recueillie par des Indiens, lithographie, XIXe siècle.
136 *Forêt vierge*, lithographie, XIXe siècle (détail).
137 Forêt vierge, dessin in *Reise in Brasilien*, Spix et Martius, 1820. Staatsbibliothek, Munich
138 Xyphosome, *idem*.
139h Crocodilurus et papillons, *idem*.
139b Caïman, *idem*.
144 Seringueiro, photographie, XIXe siècle.
148/149 Forêt vierge, gravure vers 1840, Bibl. des Arts décoratifs, Paris.
152 Toucan, lithographie, XIXe.
153 La chasse au caïman, gravure in *A*

Naturalist on the River Amazon, Henry Walter Bates.

157 Alain Gheerbrant et Pierre Gaissault, photo Alain Gheerbrant, 1950.

159 Enfants Yanomami, *idem*.

161, mère Yanomami nourrissant son enfant, *idem*.

164 Indien Yanomami, *idem*.

176 Alain Gheerbrant avec des Indiens Yanomami, *idem*.

INDEX

A

Acuña, Cristobal de 50, 51, 52, 56; récit d'53; *voir aussi* Jésuite, *Nouvelle Découverte du grand fleuve des Amazones*, 1641.

Aguirre, Lope de 48, 49, *49*.

Altamira 121.

Amazones, les 13, 25, 26, 27, 31, 40, 40, 44, 45, 47, 48, 52, 53.

Amazonie, l' *20*, 30, 39, 40, 47, *47*, 48, 48, 49, 56, 57; partage de 57, *57*.

Andes, les 16, *16*, 25, 30, 41, 48, 59, 122, 126.

Ananas 111.

Animaux, les Agouti, *50*, 111; Anaconda *69*; chevaux 16, 18, 19, 30; chiens 16, 18, *18*, 19, 30; colibri *73*; coq de roche *75*; *Crocodilus intermedius*, 69; lamas 16, *16*; mata-mata (tortue) 75; pécari *73*, 106; piranha (caribe) 75; pirarucu (poisson géant) 120; porcs 16, 19; singe hurleur *73*; à queue prenante *73*; tapirs 106; tatou 50,

114; vigognes 45.

Anthropophages 121; anthropophagie rituelle 110.

Araña, 92, 93, 94, *95*.

Atahualpa *51*.

Aviador 85, 88, 93.

B

Barbacoa (barbecue) 106.

Barra, fort de *57*, 80, 86; *voir aussi* Manáos.

Belem, *voir* Parà.

Bolivie *119*.

Bonpland, Aimé *64*.

Booth line, la 88.

Brésil, le 30, *30*, 47, *52*, 57, *59*, *80*, *110*, *118*, *119*, 121, 123, 126, *127*; empire du 56; noix du 80.

Brigantin, 18, 19, 20, 23, *23*, 29, 30.

C

Caboclos (paysans) 118.

Calha Norte (Tranchée nord) *127*.

Caoutchouc (cahutchu) 77, *93*; bolivien 92, 93; boom du *80*, *103*; capitale du 22; *voir aussi* Manáos scandale du *95*, 122; exploitation du 77, *83*, 91.

Carvajal, Gaspar de 13, 18, 20, 23, *25*, 26, 27, 28, *29*, 30, 40, 45.

Casiquiare, Canal 49.

Charles Quint 20, 30, *30*.

Chamane *106*, 107, *107*, *111*, *113*.

Chemin de fer, ligne Madeira-Mamoré 88, *91*, 93.

Chicha, la (vin) 26.

Chorrera, camp de la *94*.

Collor, Fernando, *115*.

Colomb, Christophe 14, 15, 40, 46.

Colombie, *119*.

Compagnie péruvienne d'Amazonie 93.

Comte, Auguste, *123*.

Constitution brésilienne *124*, *127*.

Cortés, Hernán, 14, *17*, 30.

Cuzco 14, 30.

D

Drogues 78, *79*, 107; *107*; curare, le 27; épéna, l' 27; *yopo*, le 27.

Dunlop 79, 80, *80*.

E

Espagne, l' 30, 52, 57;

Espagnols, les 16, *16*, *18*, 20, 23, 26, 27, 41, 45, 51, *51*.

El Encanto, camp d' *94*, *95*.

Eldorado, l' 16, 41, 42, 43, *44*, 48, *115*, 126.

Enfer vert, l' 14, *35*, 45.

Esclavage, l' *30*.

Ethnologues *19*, 56, *115*.

F

Falcas (pirogues) *64*.

Fazendeiros (paysans) 118, 119.

Ferreira, José Joaquin 71.

Ferreira, Rodriguez 75.

Fleuves, les Amazone 14, 23, *23*, *25*, 28, 30, *33*, 48, 51; ressources de l' 56; Caquetá 23, 64, 80; Guaviare 64; Içá 64; Japura 64; Javari 80; Madeira 80, *88*, 92; Máranón *25*, 80; Méta 64; Napo 19, *21*, 23, 80; Orénoque 42, 43, 49, 114, *114*; Putumayo 64, 80, 94; Ucayali 80; Vichada 64, Xingu 27. «Folle Marie », la *voir chemin de fer*.

Fondation nationale de l'Indien (FUNAI) 123, *124*, 127.

Fritz, père Samuel 65.

G · H

Garimpeiros, les 126, 127.

Goodyear 79, 80.

Gran Carajas, *120*.

Grand Serpent-Mère des Hommes, le *25*, *33*.

Guatavita, le lac 41.

Guayaquil 14,

Harcack 79,

Humboldt von, Alexander, 49, 59.

I · J · K

Incas, les *25*, *51*, palais incaïques, les *16*, *Indian rubber* (effaceur indien) 78.

Indiens, les Acéphales 47, *47*; Aché *101*; Andoke 94; Apinayé 79; Arawak *28*; Beni 92; Blemmi 47; Bora 94; Caraïbes 29, *47*; Carib 110; Caripuna 92; Chibchas 41; Cofan 49; Encabellado 49; Ewaipanoma, *voir* Acéphales; Guarani 79, *118*; Guipinavi 62; Guyazi (nains) 56; Haïti, indiens d' 106; Huitoto 94; Jivaro *20*; Kayapo *121*; Kalinga (Surinam) *97*; Machipora 23; Napo *20*; Ocaïna 94; Omagua 23, 78; Orenocoponi 43; Ouïtoto.*107*; Piaroa 108; Quixo 49; Shuar *20*, *21*; Solimoes *110*; Taino 79; Tivitive 47; Tucuna *110*; Tupi 110; Tupinamba *19*, *52*; Yanomami 98, *98*, *107*, 111, *111*, *113*, 114-115, *118*, 125-127; Yekuana *47*, 115, 126; Droits des 124, *125*.

Instruments sacrés 27; 27.

Jésuite 50, 51.

Kararaô (projet de barrage), *121*.

Keymis, Laurence 47.

L

La Condamine, de
Charles Marie, 56, *59*,
77, 78.
Latex *79*, 80.
Léry, Jean de *19*, *28*, *50*,
52, *53*, 56.
Lévi-Strauss, Claude
109.
Lizot, Jacques 11, 13,
14.

M

Mackintosh 79.
Madre de Dios *91*, 92.
Maison collective, la
37.
Manáos 22, *33*, 80, *80*,
85, 86, *86*, 88, *93*;
Theatro Amazonas 87.
Manoa 42, *42*, 44, 48;
voir aussi Eldorado.
Marajó, île de 28, *33*.
Marco Polo 40.
Marcoy, Paul 68.
Martinez *25*, 42, *42*, 43,
44.
Martins, Karl Friedrich

Philipp von 68.
Métraux, Alfred 77, *99*,
103, 107.
Michelin 79, 80, *81*.
Missions, les 49, 50;

N

Nouveau Monde, le *16*,
30, 40, 46; un voyageur
du *52*.
Nouvelle-Andalousie,
province de 30.
*Nouvelle Découverte
du grand fleuve des
Amazones*, 1641 (père
Acuña) 52.
Nouvelles Lois, les *30*.

O

Or, l' 15, 16, *16*, *17*, 21,
30, 42, 43, *115*, 118.
Orbigny, Alcide d' 67,
80.
Orellana, Francisco de
14, 16, 17, *17*, 18, 19, 20,
21, *21*, 23, *23*, *25*, 30, 31,
33, 41; expédition d' 48;
«fleuve d'» *25*, 31.

Organisation du traité
de coopération
amazonien *119*.

P

Palmas *124*.
Pará, le 28, 50, 52, *57*,
86.
Parima, sierra 42, 115.
Parimé, lac 42, *42*, 48.
Patagonie, la *25*.
Pérou 14, *16*, 20, *119*;
La conquête du 15; Le
vice-roi du 51.
Pinzón, Vicente 14.
Pizarro, Gonzalo 14,
16, 17, *17*, 18, 19, 20, 21,
21, *23*, 30, *31*, 46, 49, 51.
Plantes, les ananas *111*;
Bananiers *111*; Canne à
sucre *111*, Cannelle 15,
15, 16, 17, 18; Coton
sylvestre 23; Epices 15,
15; Hévéa 80, *83*, 94;
Manioc 111; Papayes
111; Roncou 108;
Salsepareille 80;
Seringue 78; *Victoria*

regia (fleur de
nénuphar) 69. Plumes,
les *29*, 27, 108, 109.
Pollution, la 20.
Porto Velho 92.
Portugais; les 52, 53;
Portugal, le 57, *57*;
Pénétration portugaise
57.
Presepio, fort de 57;
voir aussi Belém do
Pará.
Prestley, 78.

Q·R

Quito 14, *14*, 15, 17, 18,
19, 30, 49, 50, 51, *51*, 57.
Raoni (chef), *125*.
Raleigh, Walter 42, 44,
44, *45*, *45*, 46, 47, 49, *50*,
115.
République des
femmes, la *61*, 62.
Rio coca 19, *21*, 30;
Beni 92; Branco *71*;
Guaporé *71*, Juruá 103,
Madeira *71*; Madre de
Dios 92; Mamoré *71*;

Negro 22/23, 41, 49, *57*, *71*, 80; Plata *25*; Purus *103*; Xingu *121*.
Rivera, José Eustacio *35*.
Rondon, Maréchal 122, *122*, *123*.
Roosevelt, Theodore *123*.

S

Saint-Hilaire, Auguste de 68; Geoffroy *75*.
San Juan de Porto Rico 43.

Sanson 65.
Schomburgk (Richard) 69.
Seringueiro 78, *83*, *85*, *93*.
Service de protection des Indiens (SPI) 122, *122*, 123.
Les Singularités de la France antarctique, 1556 (Villegagnon) 47.
Spix, Johann Baptist von 68.
Suarez (bolivien) 92, *92*, 103.

Survival International (organisation humanitaire) *126*.

T

Têtes-trophées *21*.
Thevet, André 9, 47, 56.
Texeira, Pedro 50, 51, *57*.
Transamazonienne, la *121*, *126*.
Trinité, la (Trinidad) 43, 44, 49.
Tristes Tropiques

(Claude Lévi-Strauss) 109.

U-V-W

Ursua, Pedro de 48.
Vega, Garcilaso de la 16.
Venezuela, le, 115, *119*, 124.
Vespucci, Amerigo 40.
Wallace, Alfred Russell, *67*, *87*.

CRÉDITS PHOTOGRAPHIQUES

Aldus Book, Londres 13, 17h, 18h, 26h, 31, 44/45, 46, 46b, 47, 62b, 66h, 66b, 67h, 69, 79b. A.F.K., Münich 16, 62h, 64h, 76. Archives I.G.D.A., Milan 43, 44h. Bibliothèque du Muséum, Paris 98h, 99b, 111 h, 138, 139. Bibl. nat., Paris 38, 41, 42, 51, 68b, 97, 131. Bridgeman Library, Londres 12. Charmet, Paris dos, 48, 96, 100/101, 102/103, 104/105, 148-149. Cirani Nino 36, 115. Collection particulière 26b, 28h, 28b, 50b, 52-53, 68h, 70-/71, 72, 73, 74, 75, 77d, 79h, 82, 83, 84/85, 87, 89b, 90/91, 92b, 93, 106, 107h, 107b, 110, 144. Yann Arthus-Bertrand/Corbis 118-119. Owen Franken/Corbis 128. Wolfgang Kaehler/Corbis 11. Dagli-Orti, Paris 1er plat, 11, 14, 15h, 18b, 22b, 39, 57, 63, 108h, 112-113. D. R, 121, 126, 137, 152, 155, 153, 174. E.T. Archives, Londres 67b. Explorer Archives, Paris 27, 58. Gamma/Collart-Odinetz, Paris 119. Gamma/Dutilleux, Paris 122. Gamma/Socha Franck/Blakexpeditions 2e plat. Gamma/Morel, Paris 125. Alain Gheerbrant 157, 159, 161, 164, 176. Giancarlo Costa, Rome 21, 22h, 152. Giraudon, Paris 15b, 17b, 29, 40h, 40b, 54-55, 56, 60g, 60d, 61g, 130. Jabiru prod. 120, 124, 127. The Illustrated London News, Londres 94-95. Kimball Morrisson, Londres, 88/89, 92h. Mas, Barcelone 24-25. Musée de l'Homme, Paris 108b, 123. Peter Newark's, Londres 59d. Roger-Viollet, Paris 19, 78, 132-133, 136. Scala, Florence 30. Service historique de la marine, Vincennes 50. Société de Géographie, Paris 86h, 86b, Staatsbibliothek, Munich 152. Tallandier, Paris 164. Tapabor, Paris 49, 61d, 80, 81h, 81b. Yann Garcia 114, 135.

REMERCIEMENTS

Nous remercions les personnes et les organismes suivants pour l'aide qu'ils nous ont apportée dans la réalisation de cet ouvrage et dans sa mise à jour. Marianne Bonneau, traductrice, Jean-Bernard Gillot, bouquiniste, José Nuevo, traducteur, Anne Proenza, journaliste, Jame's Prunier, illustrateur, Ghislaine Taxy de l'agence Interdoc, Jean-Patrick Razon, directeur de Survival International (www.survival-international.org) pour la France.

ÉDITION ET FABRICATION

DÉCOUVERTES GALLIMARD
COLLECTION CONÇUE PAR Pierre Marchand. DIRECTION Elisabeth de Farcy. COORDINATION ÉDITORIALE Anne Lemaire. GRAPHISME Alain Gouessant. COORDINATION ICONOGRAPHIQUE Isabelle de Latour. SUIVI DE PRODUCTION Fabienne Brifault. SUIVI DE PARTENARIAT Madeleine Giai-Levra. RESPONSABLE COMMUNICATION ET PRESSE Valérie Tolstoï. PRESSE Flora Joly et Alain Deroudilhe.

L'AMAZONE, GÉANT BLESSÉ
ÉDITION Paule du Bouchet et Bertrand Mirande-Iriberry. MAQUETTE Alain Gouessant et Pascale Comte. ICONOGRAPHIE Jeanne Hély et Marjorie Marlein. LECTURE-CORRECTION Catherine Lévine.

Né en 1920 à Paris, Alain Gheerbrant est poète, écrivain, cinéaste, explorateur. Après une courte carrière d'éditeur d'avant-garde, il part pour Bogota, où il organise et dirige, de 1948 à 1950, l'expédition Orénoque-Amazone au cours de laquelle il entreprend la première traversée de la sierra Parima et établit pour la première fois un contact pacifique avec les Yanomami, que l'on appelait alors les Guaharibo. De ce voyage initiatique il rapporte un livre, *Expédition Orénoque-Amazone*, Gallimard, 1952, et un film, *Ces hommes qu'on dit sauvages*, 1954. Ses recherches en anthropologie comparée le conduisent à réaliser, avec Jean Chevalier, le *Dictionnaire des symboles* (éditions Laffont, 1982), traduit dans des dizaines de langues. Alors que le monde entier célèbre les cinq cents ans de la découverte de l'Amérique, il publie un essai sur Christophe Colomb et l'imaginaire : *L'Or ou l'Assassinat du rêve* (Actes Sud, 1992); puis un essai d'autobiographie symbolique : *Transversales* (Actes Sud, 1995). En 1996 il retourne chez les Indiens Piaroas de l'Orénoque pour leur offrir le film qu'il avait tourné sur eux en 1948...

« Alain Gheerbrant est devenu explorateur parce qu'il était poète. »
(Claude Roy)

Dépôt légal : juin 2005
Numéro d'édition : 10 861
ISBN : 2-07-076523-7
Imprimé en Italie par Editoriale Lloyd